城市道路照明节电技术

张万奎　著

中国建筑工业出版社

图书在版编目（CIP）数据

城市道路照明节电技术/张万奎著．—北京：中国建筑工业出版社，2010.9

ISBN 978-7-112-12249-3

Ⅰ．①城… Ⅱ．①张… Ⅲ．①城市道路—照明设计—节能 Ⅳ．①TU113.6

中国版本图书馆 CIP 数据核字（2010）第 134250 号

城市道路照明节电技术

张万奎 著

*

中国建筑工业出版社出版、发行（北京西郊百万庄）

各地新华书店、建筑书店经销

北京永峥排版公司制版

北京市兴顺印刷厂印刷

*

开本：850×1168 毫米 1/32 印张：8⅜ 字数：240 千字

2010 年 9 月第一版 2010 年 9 月第一次印刷

定价：**22.00** 元

ISBN 978-7-112-12249-3

（19534）

本书系统地介绍了城市道路照明、道路照明电光源、道路照明灯具和道路照明标准等有关内容，包括城市道路的功能照明、景观照明和广告照明。在此基础上，介绍了城市道路照明节电技术，重点介绍了单相变压器—高压钠灯自动降压节电新技术。

本书适合城市道路照明管理部门、照明工程公司、市政公司、建筑设计院所的有关人员使用，也可供大专院校电气工程及其自动化、建筑电气、工程管理等专业的师生参考。

* * *

责任编辑：张文胜　姚荣华
责任设计：张　虹
责任校对：张艳侠　赵　颖

前　言

绿色照明是指通过科学的照明设计，采用效率高、寿命长、安全和性能稳定的照明电器产品（电光源、灯用电器附件、灯具、配线器材以及调光控制设备和控光器件），并充分利用自然光来最终达到高效、舒适、安全、经济、有益环境和改善提高人们工作、学习、生活条件和质量，以及有益于人们身心健康并体现现代文明的照明。

1996年，国家经贸委、国家计委、科技部、建设部等13个部门共同组织实施了“中国绿色照明工程”，并将其作为节能领域的重大示范工程。为了进一步推动中国绿色照明工程的开展，国家经贸委与联合国开发计划署（UNDP）和全球环境基金会（GEF）于2001年共同实施了“中国绿色照明工程促进项目”，目的是通过发展和推广效率高、寿命长、安全和性能稳定的照明电器产品，逐步替代传统的低效照明电器产品，节约照明用电，改善人们的工作、学习、生活条件和质量，建立一个优质高效、经济、舒适、安全，并充分体现现代文明的照明环境。通过项目的实施，到2010年实现节电10%。经专家测算，1996～2004年的9年间，中国绿色照明工程累计节电450亿kWh，相当于900万kW发电机的装机规模，削减了大量电网峰荷，相当于减少二氧化碳（碳计）排放1300万t。项目实施的最终目标是节约电力、保护环境，2001～2010年间，实现累计照明节电1033亿kWh，实现照明节电10％，相当于减少二氧化碳（碳计）排放114亿t，并建立可持续发展的高效照明电器产品市场及服务体系。

随着我国经济建设的发展，城市化进程的加速，城市照明得到了长足发展。针对城市照明发展中的能源需求和消耗不断加大以及光污染等问题，建设部会同国家发改委、科技部等部门，在总结“绿色照明工程”工作经验的基础上，在城市照明行业大力推进绿色照明工程，在“十五”期间取得了积极的进展：明确了城市绿色照明的管理部门；进一步完善城市照明节电管理体制；城市照明法规、绿色照明标准体系建设不断加强；“城市绿色照明示范工程”活动积累了有益的经验；积极推广和采用高效照明电器产品；城市照明日常维护管理工作得到新的加强。“十五”期间，城市绿色照明工程基本上完成了“完善法规、规范市场、典型示范、宣传教育、国际合作”的主要任务，取得了显著的经济效益和社会效益。

“十一五”期间是全面建设小康社会的关键时期。国家确定了“十一五”时期单位国内生产总值能源消耗降低 20% 的目标，强调要落实节约资源和保护环境的要求，建设低投入、高产出、低能耗、少排放、能循环、可持续的国民经济体系和资源节约型、环境友好型社会，并把“绿色照明——在公用设施、宾馆、商厦、写字楼以及住宅中推广高效节电照明系统等”列为十大节能重点工程之一。发展城市绿色照明事业面临着艰巨的任务，也面临着极好的机遇。主要目标以 2005 年底为基数，年城市照明节电目标 5%，5 年（2006～2010 年）累计节电 25% 。

广泛开展城市绿色照明示范工程活动，通过评价指标、活动原则、具体形式的不断优化，提高示范工程质量，进一步扩大示范效应。同时，在一些城市开展现有路灯、景观照明的节能改造，针对城市照明中存在的单纯追求亮度、追求豪华、能耗密度超标、道路照明过多装饰、光污染严重、采用低效能照明器材等问题，积极实施节电改造示范工程，对光源灯具、整个照明供配电系统在内的道路照明和景观照明系统进行全面改造。推广采用高效照明电器产品。

城市道路照明节电包括三个方面：贯彻照明标准，道路照明要适度，而不是越亮越好；选用高效电光源和灯具，合理的照明设计；使用恰当的控制方式。比较理想的控制方式是在下半夜降低加在灯具上的电压，同步降低光源的光通量，即将路灯的光通量都减小到相同的水平，保证了道路照明的功能性（路面平均亮度、路面亮度均匀度、平均水平照度），在保证城市深夜道路照明功能的前提下节电。

目前国内外城市道路照明广泛采用的节电方式是降压，其中主要是电磁式降压。而电磁式照明节电器基本上采用自耦变压器、补偿变压器或电抗器为主要元件，用系统软件控制其分时段调压调亮，以达到节电的目的。V/V_0—V/V 单相变压器—高压钠灯照明节电系统不需要增加自耦变压器、补偿变压器或电抗器等设施，通过光—电子控制器在下半夜自动断开 V/V_0 变压器二次侧的中性线，变成 V/V 接线；使灯具的电压从相电压自动变换到线电压的一半。由于下半夜变压器二次侧的线电压为400V，这样就实现了灯具供电电压从 220V 降为 200V。能收到降压节电和单相变压器节电的双重节电效果，是一种适合推广的降压节电新方法。

笔者早在 1982 年就提出了城市道路照明降压节电的一种方法。近年来，在完成住房和城乡建设部科学技术计划项目“城市道路照明节电新方法的研究”（2008-KI-34）和湖南省住房和城乡建设厅科学技术计划项目“城市道路照明降压节电新技术的研究与应用”（200917）以及湖南省科技计划项目“高压钠灯节电新技术的研究及在城市照明中的应用”（2010GK3191）的过程中，对城市道路照明以及道路照明节电方法与途径进行了一定范围的调查与研究，在此基础上，写成了本书。在本书的写作过程中，引用了其他人员的研究成果和工程实例，在此，对他们的辛勤劳动表示衷心的感谢。由于本人水平所限，书中可能出现不足和缺陷，敬请读者批评指正。

张万奎

2010 年 6 月

目　录

第 1 章　道路照明电光源

人类的照明历史经历了漫长的发展过程，许多年以来，人类只能靠燃烧木材照明。1772 年，人类开始了燃气照明；到 1879 年，爱迪生发明了白炽灯以后，人类的照明才进入一个崭新的时代。荧光灯是继白炽灯之后的第二代电光源。以高压钠灯为代表的高压气体放电灯是继白炽灯、荧光灯之后的第三代照明电光源。随着对半导体材料氮化镓研究的突破和蓝、绿、白光发光二极管的问世，迎来了半导体照明时代，其标志是半导体 LED 灯将逐步替代白炽灯和荧光灯，结束 130 年以来白炽灯照明的历史。

目前，国内外道路照明中所使用的电光源主要是气体放电灯。气体放电灯是指电流通过气体媒质时所发生的过程，利用气体放电原理制成的电光源。

1.1　白炽灯

白炽灯是最早出现的热辐射光源，因而被称为第一代电光源。随着科学技术的不断进步，尽管相继发明了多种性能优良的其他电光源，但白炽灯以其结构简单、成本低廉、使用方便、显色性好、点燃迅速、容易调光等特点，在工业和建筑照明工程中仍然得到应用。

1.1.1　白炽灯的发明

在美国 1845 年的一份专利档案中，辛辛那提的斯塔尔提出可以在真空泡内使用炭丝。英国的斯旺按照这种思路，用一条条碳化纸作灯丝，企图使电流通过它来发光，但是，因当时抽真空的技术还很差，灯泡中的残余空气使得灯丝很快被烧断。

因此，这种灯的寿命相当短，仅 1h 左右，不具有实用价值。1878 年，真空泵的出现使斯旺有条件再度开展对白炽灯的研究。1879 年 1 月，他发明的白炽灯当众试验成功，并获得好评。

1879 年，爱迪生也开始投入对电灯的研究。爱迪生认为，延长白炽灯寿命的关键是提高灯泡的真空度和采用耗电少、发光强且价格便宜的耐热材料作灯丝。他先后试用了 1600 多种耐热材料，结果都不理想，在 1879 年 10 月 21 日的傍晚，爱迪生和助手们成功地把炭精丝装进了灯泡。一个德国籍的玻璃专家按照爱迪生的吩咐，把灯泡里的空气抽到只剩下一个大气压的百万分之一，封上了口，爱迪生接通电流，他们日夜盼望的情景终于出现在眼前：灯泡发出了金色的亮光！在连续使用了 45h 以后，这盏电灯的灯丝才被烧断，这是人类第一盏有广泛实用价值的电灯。爱迪生为此获得了专利。

后来人们就把 10 月 21 日定为电灯发明日。之后，爱迪生还一直致力于白炽灯的改进，为了提高灯泡的质量，延长灯泡的寿命，想尽一切办法寻找适合制作灯丝的材料。到 1880 年 5 月初，他试验过的植物纤维材料共约 6000 种。在很长的一段时间里，爱迪生派遣了很多人前往世界各地寻找适合于制作灯丝的竹子。直至 1908 年的 9 年间，日本竹一直是供应炭丝的主要原料。

1880 年 10 月，爱迪生在美国新泽西州设立自己的工厂，开始进行白炽灯的批量生产，这是世界上最早的商品化白炽灯，英国的斯旺也于 1881 年在新堡郊外的本威尔设厂。

白炽灯的发明，美国通常归功于爱迪生，英国则归功于斯旺。在英国，电灯发明百周年纪念于 1978 年 10 月举行，而美国则于一年后的 11 月举行。

两位发明家的竞争十分激烈，专利纠纷几乎不可避免。后来，两人达成协议，合资组建了爱迪生——斯旺电灯公司，在英国生产白炽灯。

现代的钨丝白炽灯到 1908 年才由美国发明家库利奇试制成功。发光体用金属钨拉制的灯丝，这种材料最可贵的特点是其熔点很高，即在高温下仍能保持固态。事实上，一只点亮的白炽灯的灯丝温度高达3000℃。正是由于炽热的灯丝产生了光辐射，才使电灯发出了明亮的光芒。因为在高温下一些钨原子会蒸发成气体，并在灯泡的玻璃表面上沉积，使灯泡变黑，所以白炽灯都被制造成“大腹便便”的外形，这是为了使沉积下来的钨原子能在一个比较大的表面上弥散开。否则的话，灯泡在很短的时间内就会被熏黑了。由于灯丝在不断地升华，所以会逐渐变细，直至最后断开，这时一只灯泡的寿命也就结束了。

1.1.2 白炽灯的结构与类别

1. 白炽灯的结构

白炽灯一般由玻壳、灯丝、支架、引线和灯头等几部分组成。

（1）玻壳

普通白炽灯的玻壳一般用玻璃制造，根据用途不同而制作成不同的形状。大多数普通白炽灯的玻壳是透明的。有时为了降低光源表面的亮度，采用乳白玻璃或磨砂玻璃，有些灯泡做成反射型的，在玻壳靠近灯头的上半部分镀有一层反光铝膜。

（2）灯丝

灯丝由钨丝做成，是灯的发光体。灯丝是白炽灯的关键组成部分，在一般情况下，灯丝的形状和尺寸直接影响到灯的寿命、光效和光的利用率。要提高普通白炽灯的光效，就必须提高灯丝的工作温度，尽量减少热损耗。因此，一般都将白炽灯的灯丝绕制成单螺旋、双螺旋甚至三螺旋的形状，以减少灯丝的长度。由于普通白炽灯工作时灯丝的温度很高，钨很容易被蒸发。从灯丝上蒸发出来的钨沉积在灯泡壁上而使玻壳变黑，透光性降低，使灯泡光效率降低；同时，钨蒸发还会使灯丝变细，灯丝容易熔断，从而使灯的使用寿命降低。为了防止钨丝氧化燃烧、降低钨丝的蒸发速度，通常将玻壳抽成真空后，再在玻壳内充入对钨丝不起化学作用、热传导小、具有足够电气绝缘强度的惰性气体。在使用时，由于气体的对流作用，蒸发出来的钨粉末被气体的规则运动带到灯泡的顶部，而不致沉积在灯泡上，能够保持灯泡的透光性以减少光通量的衰减。一般只对功率在60W以上的灯泡充气，普通白炽灯充氩和氮的混合气体，特殊灯泡才充氪和氙的混合气体。

（3）灯头

灯头起固定灯泡和接通电源的作用。按其形式和用途分为螺口灯头、插口灯头、聚焦灯头和一些特种灯头。常用的是螺口灯头和插口灯头，如标准E27螺口灯头或B22插口灯头。螺口灯头接触面积大，适用于功率较大的灯泡；插口灯头接触面积小，适用于功率较小的灯泡。另外，插口灯头与插口灯座配合使用时具有防振功能。

2. 白炽灯的类别

早期道路照明使用的白炽灯主要有普通白炽灯和反射型灯两种。

普通照明白炽灯应用最多的形式是梨形透明玻璃灯泡，其特点是结构简单、价格低，但亮度大、易产生眩光。

反射型灯泡采用内壁镀有反射层的玻壳制成，能使光束定向反射，主要应用于灯光广告等需要光线集中的场合。

图1-1所示为普通白炽灯，图1-2所示为节能灯。

图1-1 普通白炽灯

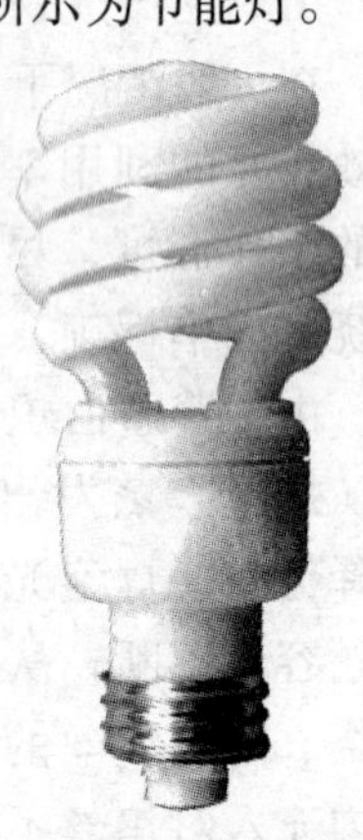

图1-2 节能灯

1.1.3 白炽灯的光电参数及特性

1. 光通量和发光效率

白炽灯的光通量一般是指点燃100h后的光通量输出。根据不同的功率，白炽灯的光通量在几十到1100lm之间。白炽灯功率的75%以上都以红外线的方式产生热能，仅有小部分能量转换成可见光，因而普通白炽灯的光效不高，约为10～15lm/W。

2. 寿命和点燃时间

白炽灯的平均使用寿命较短，一般为1000h。影响其使用寿命的主要原因是钨丝在工作过程中会蒸发而使灯丝变细，从而使灯丝熔断。钨丝通电加热过程十分迅速，一般加热到输出90%光通量所需的时间只需0.07～0.08s，能够瞬时启燃和再次启燃。

3. 色温和显色指数

白炽灯的色温取决于它的工作温度。白炽灯属于低色温、暖色调光源，色温一般为2400～2900K。白炽灯的显色性取决于它的光谱分布。白炽灯属于热辐射光源，具有与黑体一样的连续光谱。其显色性很好，显色指数可达99。

4. 光电参数与电源电压的关系

电源电压发生变化对白炽灯的影响极大。当电源电压高于额定电压时，将大大降低白炽灯的使用寿命；当电源电压低于额定电压时，将会使白炽灯的光通量输出大大降低。例如，电源电压下降10%，白炽灯的光通量将下降30%；电源电压下降30%，白炽灯只剩下灯丝发红，已经不发光了。当电源电压产生波动时，因输出光通量波动，白炽灯会出现闪烁而影响照明的视觉效果。但是，由于灯丝的热惯性，用于工业频率电源的白炽灯光通量的波动是不大的。因此，白炽灯对电压的要求很高，对于一般照明场所要求电压偏移量不超过额定值的±5%。另外，当电源电压以较大的幅度下降时，虽然光通量输出也大幅度下降，但它不至于猝然熄灭。因此，常采用调压方式对白炽灯进行调光控制。

早年白炽灯曾在城市居民小区的道路照明中应用，现在只能在一些景观照明工程中看见白炽灯的身影，道路照明光源已经被气体放电灯和新型光源所替代。

1.2 荧光灯

荧光灯是1936年出现的新型光源，通常被称为继白炽灯之后的第二代电光源。荧光灯的发光原理与白炽灯完全不同，它属于低气压汞蒸气放电灯。荧光灯与白炽灯相比，其特点有：发光效率高，约为白炽灯的4倍；使用寿命长，约为白炽灯的2~3倍；光色好。荧光灯已经成为主要的一般照明光源。

有很多类型的荧光灯可以在道路照明上使用，电子镇流器的出现改善了荧光灯的工作条件，使其能在环境温度较低时快速启动，更加拓宽了荧光灯在道路照明中的使用范围。

一般情况下，荧光灯可以使用在人行道路、居住区或商业区的非机动车道路等处。直管荧光灯具有较长的尺寸，使用在隧道照明中可以形成连续的照明光带，具有良好的诱导性，并可有效降低因灯具间隔所造成的闪烁现象。紧凑型荧光灯可以广泛应用在具有各种装饰造型的步道灯或庭院灯中。

1.2.1 荧光灯的结构与类别

1. 荧光灯的结构

管状荧光灯主要由内壁涂有荧光粉的玻管、电极、填充气体和灯头组成。

（1）灯管

普通荧光灯的灯管由钠钙玻璃制成，玻璃中掺入了氧化铁，以便控制短波光线的透过率。灯管内壁涂有荧光粉，两端装有钨丝电极，为了减少电极的蒸发和帮助灯管启燃，灯管抽成真空后封装了气压很低的汞蒸气和惰性气体。

荧光灯灯管的直径为11~38mm，长度为150~2400mm，功率为4~125W。普通的标准化灯管的直径为16mm（T5型）、26mm（T8）型、38mm（T12）型3种，最常见的灯管长度为

600mm、1200mm、1500mm。相同功率的荧光灯，管径越小的越节能。一般荧光灯是直管型，根据不同场所的照明需要，灯管也可制作成环形或其他形状。

(2) 荧光粉涂层

荧光粉涂层的作用是把荧光灯所吸收的紫外辐射能转换成可见光。因为在最佳辐射条件下，普通荧光灯只能将3%左右的输入功率通过放电直接转换为可见光，63%以上转变为紫外辐射。在荧光灯中最强烈的原子辐射谱线为253.7nm和185.0nm的紫外光，这些紫外线（尤其是253.7nm的紫外线）射向灯管内壁的荧光粉时，产生可见光辐射。

管内壁涂的荧光粉不同，相应的荧光灯的光色（色温）和显色指数也不同。如果单独使用一种荧光物质，可以制造出某种色彩的荧光灯，如蓝、绿、黄、白、淡红和金白等彩色荧光灯。有些荧光粉只要改变其构成物质的含量，即可得到一系列的光色，如日光色、冷白色、白色、暖白色等。如果将几种荧光物质混合使用，则可得到其他的光色，如三基色荧光灯。

目前使用的荧光粉主要有卤磷酸钙荧光粉和三基色荧光粉。

(3) 电极

电极是荧光灯的核心部件，它是决定其寿命的主要因素。荧光灯的电极产生热电子发射，经维持放电，将外来的电能输送到灯中。

大多数荧光灯在启动之前，电极要经过电流预热。在开关启动电路中，电极的预热是由单独的辉光启动器或电子启动器来完成的。

(4) 填充气体

荧光灯内充有汞，当灯正常工作时，灯内既有汞蒸气，也有液态汞，荧光灯是工作在饱和汞蒸气中的。灯内汞蒸气的气压取决于灯的冷端温度，不同管径的荧光灯有相应的最佳汞蒸气压，因而它们所要求的最佳冷端温度也不相同。

为了帮助荧光灯启动，维持其正常工作，还需要在灯内充入适量的惰性气体。常用的惰性气体是氩和氪。惰性气体还有调整荧光灯电参数的功能。

（5）灯头

管形荧光灯的两端各有一个灯头，对于需要对灯丝进行加热的荧光灯，每一端的灯头都有两个触点；冷启动的荧光灯采用单触点形式的灯头；环形荧光灯只有一个灯头，灯头上有4个触点。荧光灯灯头上的触点一般是针状插脚结构。

单端荧光灯一般采用特别设计的灯头，是将控制器件与光源组合在一起的一体化单端荧光灯，采用标准 E27 螺口灯头或 B22 插口灯头，可以直接替代白炽灯。

2. 荧光灯的类别

荧光灯的种类很多，分类方法也很多。

（1）按启动线路方式分类

1）预热式：这种灯一般采用启辉器预热电极，并施加反冲电压使灯管点燃。

2）快速启动式：灯管经特殊设计，镇流器内附加灯丝预热回路，提高镇流器的工作电压，灯管在施加电源电压后约 1s 就可启动。

3）冷阴极瞬时启动式：这种灯是利用漏磁变压器产生的高压瞬时启动，因此电极不需要预热，灯管可瞬时启动。

（2）按灯管形状和结构分类

1）直管荧光灯：是产量和使用量最大的一种照明光源，而且品种繁多。目前使用的产品主要有 T5、T8、T12 几种。其中，T5 荧光灯采用三基色荧光粉，T5 型与 T8 型相比，显色性好，显色指数为 85；光效高，可达 85 ~ 96lm/W；节约电能约 20%；寿命长，达 7500h。

2）高光通单端荧光灯：高光通单端荧光灯与直管荧光灯相比，其结构紧凑，光通输出高，光通维持好，灯具内布线简单。

3）环形荧光灯：是针对直管荧光灯安装不便和装饰性差的不足，近年来出现的一种荧光灯。与直管荧光灯相比，环形荧光灯光源集中，照度均匀，造型美观。

4）紧凑型荧光灯：是新一代的电子节能灯。荷兰飞利浦公司 1974 年开始研制紧凑型荧光灯，1979 年试制成功。紧凑型荧光灯是一种整体形的小功率荧光灯，它将白炽灯和荧光灯的优点集中于一身，并将灯与镇流器、启辉器一体化，其外形类似白炽灯。

紧凑型荧光灯寿命长、光效高、显色性好、使用方便、节能，可直接装在普通螺口或插口灯座中替代白炽灯。

T5 型直管荧光灯如图 1-3 所示，紧凑型荧光灯如图 1-4 所示，表 1-1 为紧凑型荧光灯的技术参数。

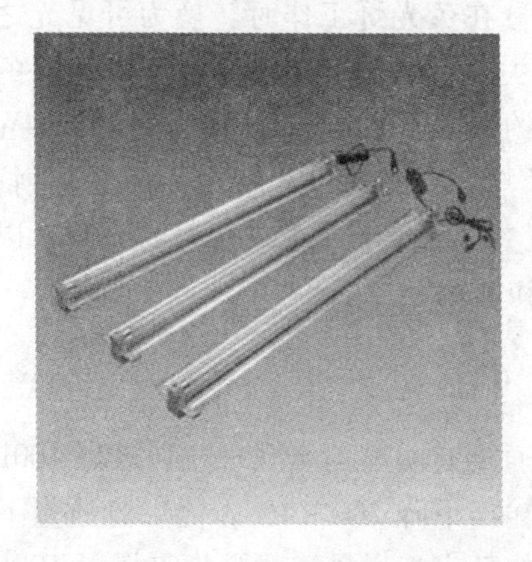

图 1-3　T5 型直管式荧光灯

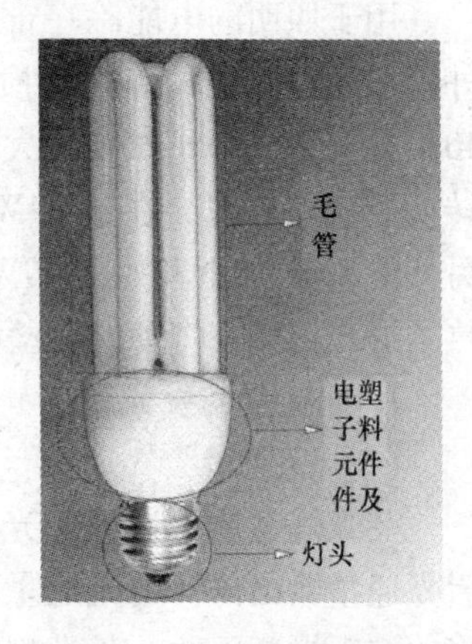

图 1-4　紧凑型荧光灯

典型紧凑型荧光灯主要技术参数　　表 1-1

功率（W）	电源电压（V）	光通量（lm）	显色指数（Ra）	平均寿命（h）	色温（K）
5	110／220	350	80	8000	2700 ～ 6400
11	110／220	750	80	8000	2700 ～ 6400
23	110／220	1560	80	8000	2700 ～ 6400
36	220	2450	80	8000	2700 ～ 6400

续表

功率（W）	电源电压（V）	光通量（lm）	显色指数（Ra）	平均寿命（h）	色温（K）
65	220	4500	80	8000	2700 ~ 6400
85	220	6500	80	8000	2700 ~ 6400
100	220	7000	80	8000	2700 ~ 6400
125	220	8000	80	8000	2700 ~ 6400

1.2.2 荧光灯的光电参数及特性

用于照明的电能除一部分在荧光灯工作时转换为可见光之外，还要在光源和灯具中损失一些。瑞典工程师对显色性好的40W荧光灯进行了试验，大约有1W直接转换成可见辐射，24W转换成紫外辐射，在这24W中，又约有9W转换为可见辐射；另外的15W加上开始的40W中不能转换成紫外辐射的15W，以热的形式消耗在灯管的管壁和电极上。

1. 光通量与发光效率

(1) 光通量

荧光灯在使用过程中光通量有明显的衰减现象，点燃100h后光通量输出比初始光通量输出下降2%~4%，之后光通量下降比较缓慢。因此，荧光灯的额定光通量一般是指点燃了100h后光通量的输出值。

(2) 发光效率

荧光灯的发光效率较高，一般为27~82lm/W。荧光灯的光效与使用的荧光粉的成分有很大关系。三基色荧光粉的光效最高，比普通荧光灯高出20%。

2. 使用寿命

荧光灯的使用寿命是指使用到光通量为其额定光通量70%时的有效寿命，一般为3000~5000h。

影响荧光灯光通量输出的一系列因素都间接地影响着荧光

灯的寿命，主要因素是电极电子物质的飞溅程度。

3. 电压特性

荧光灯的灯管电流、电功率和光通量基本上与电源电压成正比，而灯管电压和光效与电源电压成反比。因此，电源电压变化时，都会不同程度地影响到灯的性能。

电源电压过高或过低，都会使荧光灯的寿命下降。如果电源电压过高，灯管工作电流增大，电极温度升高，电子发射物质的消耗也增大，促使灯管两端早期发黑，其使用寿命缩短；如果电源电压降低，电极温度降低，灯管不易启动，即使启动了，也由于工作电流小，不足以维持正常的工作温度，导致电子发射物质溅射加剧，同样会降低其使用寿命。

4. 环境对性能的影响

环境条件对荧光灯的工作性能影响较大，当环境温度和湿度发生变化时，将影响荧光灯的光效和启动。低温低压的条件下，荧光灯将难于启动。

5. 频闪效应

用交流电点燃荧光灯时，在电源正负半波内，随着电流的增减，荧光灯的光通量发生周期性的明暗变化。因此，荧光灯工作时，其光通量将以两倍的电源频率闪烁。由于荧光粉的余辉作用，肉眼一般感觉不到闪烁的存在，但当使用荧光灯照射快速运动的物体时，往往会降低视觉分辨能力，即产生频闪效应。

消除频闪效应的方法有：采用双管或三管荧光灯照明，双管或三管荧光灯分别用电源的不同相供电；单管荧光灯采用移相电路；采用电子镇流器使荧光灯工作在高频状态；采用直流供电的荧光灯管。

1.3 高压汞灯

高压汞灯是指汞蒸气压力为 51 ~ 507kPa，主要发射波长为 365.0nm，相当能量为 327.3kJ/mol 的汞蒸气弧光灯。1906 年研制成汞蒸气压力约为0.1MPa的高压汞灯。20世纪30年代初，高压汞灯在以下几个方面获得发展：

(1) 引进激活电极代替液汞电极；

(2) 掌握金属丝和硬质玻璃或金属箔和石英玻璃的真空封接工艺；

(3) 选择适当的汞量使之在灯充分点燃后全部蒸发，改进了灯的启动性能和稳定性。

20世纪40年代，高压汞灯进入实用阶段。20世纪50年代后采用了适合高压汞灯所发射的、以365nm长波紫外线为主并补充红色光谱的荧光粉。1965年采用稀土荧光粉，大幅度提高了高压汞灯的显色性和发光效率。高压汞灯的发展为高强度气体放电灯奠定了技术基础。

1932年，英国GE公司研制出螺旋插座高压汞灯，其发光效率为40lm/W。1937年，125W石英MB型高压汞灯投入生产，并开始大量用于道路照明。我国于20世纪60年代试制成高压汞灯，1987年年产量已超过550万支。

高压汞灯是玻壳内表面涂有荧光粉的高压汞蒸气放电灯，它发出柔和的白色灯光，结构简单、低成本、维修费用低，可直接取代普通白炽灯，具有光效高、寿命长、省电的特点。由于高压汞灯发出的光中不含红色，它照射下的物体发青，因此只适于广场、街道的照明。

1.3.1 高压汞灯的结构与类别

1. 高压汞灯的结构

高压汞灯主要由放电管、外壳（通常内涂荧光粉）、金属支架、电阻件和灯头组成。

(1) 放电管

高压汞灯的核心元件为放电管。放电管由石英玻璃制成，石英玻璃对紫外线和可见光有很好的透过性能，并且可以耐受800℃的高温。放电管的两端各有一个主电极，一端有辅助电极（启动电极）。石英玻璃与金属导体的气密封接是通过压封带有刀口的钼箔来实现的。

放电管通过金属支架固定在外泡壳中，该支架还将辅助电极通过电阻与对面的主电极连在一起，起到导线的作用。

主电极由钨杆和两层钨螺旋丝构成，内外螺旋都由钨丝绕成。通常用浸渍法在电极螺旋的空隙中注满电子发射物质。辅助电极是一根钨丝。

（2）外壳

高压汞灯外泡壳的常用形状为椭球形，反射型灯的反射面是抛物线形的。小功率高压汞灯泡壳采用石灰料玻璃的外泡壳，大功率的外泡壳是由硼酸盐制成的，它具有耐高温和耐热冲击的特性。

在外泡壳中要充入氩气或氩氮混合气体，以避免环境温度变化对放电管产生影响，防止部件的氧化以及外泡壳中金属部件之间的飞弧现象。

高压汞灯蒸发放电在可见光的黄、绿、蓝、紫区域发射 4 条很强的光谱线，同时，在紫外区域也有相当多的辐射，但它缺少红色区域的辐射。因此，透明外泡壳的高压汞灯发出的光呈蓝白色，并且显色性很差。在多数高压汞灯的外泡壳内表面涂上荧光粉，以便将放电产生的紫外线辐射转换成可见光，尤其是红光，从而改善高压汞灯的显色性，增加光的输出。

（3）填充气体

在放电管中充入一定量的高纯度汞和 2500 ~ 3000Pa 的氩气，对充入的汞的量和氩气气压都要进行严格的控制，汞的量决定了灯的管压；氩气气压如果太高会不利于灯的启动，太低则不利于灯的光维持。而外泡壳中充入氩气或氩氮混合气体，加入氮有助于防止灯泡壳中金属支架之间的放电。

（4）灯头

高压汞灯所用灯头的形式在很大程度上取决于灯的功率。一般情况下，125W 以下的较小功率高压汞灯采用 E27 螺口灯头，而较大功率的灯则采用 E40 螺口灯头。图 1-5 所示为各种

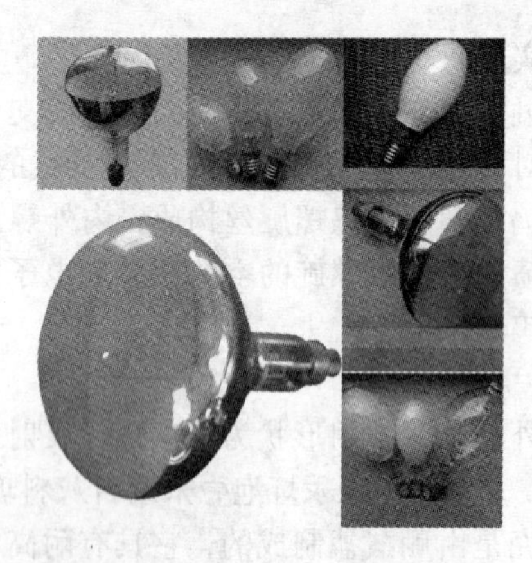

图 1-5　各种规格的高压汞灯

规格的高压汞灯。

2. 高压汞灯的类别

常用的照明用高压汞灯有 3 种类型：普通型荧光高压汞灯、反射型荧光高压汞灯和自镇流荧光高压汞灯。

（1）普通型荧光高压汞灯和反射型荧光高压汞灯

普通型荧光高压汞灯和反射型荧光高压汞灯必须与镇流器配套使用，它们的结构基本相同，所不同的是，反射型在其外泡内壁上镀有铝反射层，然后再涂荧光粉，使其具有定向反射功能，使用时可不用灯具。

高压汞灯工作时，电流通过高压汞蒸气使电离激发，形成放电管中电子、原子和离子间的碰撞而发光。放电时波长为 253.7nm 的共振线（辐射光谱）被吸收，可见光谱线强度增加，主要辐射的是 404.7nm、435.8nm、546.1nm 和 577.0～579.0nm 的可见谱线，此外还辐射较强的 365.0nm 的长波紫外线。高压汞灯工作时，其发光管内汞蒸气压力在 10^5Pa 以上。

高压汞灯的汞蒸气泄漏以及灯管使用报废后被打碎造成玻璃屑中含有一定量的汞，后者称为“汞渣”，不加适当处理会污染土壤、水体，受危害的作物、果蔬被摄入，使动物、人体而受害。

（2）自镇流荧光高压汞灯

自镇流荧光高压汞灯在放电管与外泡之间装有一个与白炽灯相似的钨丝，该钨丝可以替代外接镇流器，同时也能像白炽灯那样产生可见光。因此，自镇流荧光高压汞灯是一个热辐射和气体放电的混合光源。

普通高压汞灯有负阻特性，使用时必须外接相应的镇流器。为克服这一缺点，可利用装在高压汞灯外壳内部的、与放电管串联的灯丝来代替外接镇流器，相应的光源称为自镇流高压汞灯。这种灯利用混合光改进了普通高压汞灯的显色性，弥补了普通高压汞灯红光不足的缺点，同时减少了升温启动时间。但在启动和升温时间缩短的同时，灯丝寿命也相应缩短，而自镇流高压汞灯的寿命主要取决于灯丝寿命；由于高发光效率的放电功率与低发光效率的灯丝功率比不利，自镇流高压汞灯总的发光效率从外镇流式的 35～50lm/W 下降到 18～25lm/W。自镇流高压汞灯使用方便。20 世纪 80 年代，我国自镇流高压汞灯的产量约占高压汞灯总产量的 50%。

为使高压汞灯起弧，两电极之间需要有足够高的电场强度，对充氩的汞灯，此值约为 4V/cm。以 300W 高压汞灯为例，在室温下，灯内气压约 10～20 个大气压（$10^6 \sim 2\times10^6$Pa），极距为 10cm，启动电压需在 400V 以上。所以，若直接采用 220V 的电源，灯就无法启动。

1.3.2 高压汞灯的工作原理

普通型荧光高压汞灯和反射型荧光高压汞灯的工作电路如图 1-6 所示。辅助电极通过一只 40～60kΩ 的电阻 R 与不相邻的电极相连接。当灯接入电网后，辅助电极与相邻的主电极之间加有 220V 的交流电压。这两电极之间的距离很近，通常只有 2～3mm，所以它们之间有很强的电场。在此强电场的作用下，两电极之间的气体被击穿，

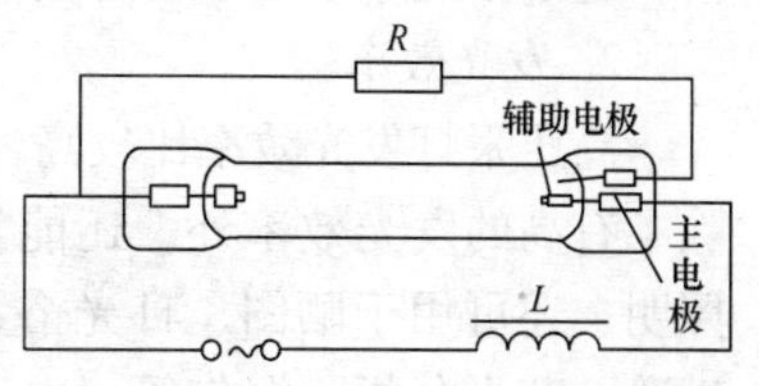

图 1-6 高压汞灯工作电路

发生辉光放电，放电电流由启动电阻 R（40～60kΩ）所限制。如 R 过小会使电极烧坏。主电极和相邻辅助电极之间的辉光放电产生了大量的电子和离子，这些带电粒子向两主电极间扩散，使主电极之间产生放电，并很快过渡到两主电极之间的弧光放电。在灯点燃的初始阶段，是低气压的汞蒸气放电，这时管压降得很低，约25V左右；放电电流很大，约为5～6A，称为启动电流。低压放电时放出的热量使管壁温度升高，汞逐渐汽化，汞蒸气压力和灯管电压逐渐升高，电弧开始收缩，放电逐步向高气压放电过渡。当汞全部蒸发后，管压开始稳定，进入稳定的高压汞蒸气放电，发出的光也逐渐由白色变为更明亮的蓝绿色。

1.3.3 高压汞灯的光电参数及特性

1. 启燃与再启燃

高压汞灯启动首先从主电极和辅助电极之间的辉光放电开始，随后过渡到两个主电极之间的弧光放电。可见，高压汞灯从启动到正常工作需要一段时间，通常为4～8min。此外，在低温环境中，高压汞灯的启动将很困难，甚至不能启动。

高压汞灯熄灭以后，不能立即启动。因为灯熄灭后，内部还保持着较高的汞蒸气压力，要等灯管冷却、汞蒸气凝结后才能再次点燃。冷却过程需要5～10min。在高的汞蒸气压力下，灯不能重新点燃是由于此时电子的自由程很短，在原来的电压下，电子不能积累足够的能量来电离气体。

2. 发光效率

高压汞灯发光效率比较高，在35～65lm/W以上，高压汞灯除了有高的发光效率外，还能发出强的紫外线，因而不仅可以照明，还可用于晒图、日光浴、化学合成、塑料及橡胶的老化试验、荧光分析、探伤等。由于高压汞灯有较高的光效，而且其发光体小、亮度高，适用于室外照明。但是它的光色偏蓝、绿，缺少红色成分，所以被照物不能完全显示原来的颜色。

当高压汞灯中汞蒸气压力大于10个大气压时，就成为超高压汞灯，这时其发光效率将随之增加。高压汞灯有较高的发光效率，但是亮度还不够高。在许多场合，例如各种光学仪器、投影系统中，则需要高达$10^4 \sim 10^6 cd/m^2$的高亮度光源，超高压汞灯就是这样一种光源。

3. 寿命

高压汞灯的寿命很长，国产普通型和反射型高压汞灯的有效寿命为5000h以上，自镇流荧光高压汞灯一般为3000h，目前国际先进水平可达24000h。影响高压汞灯寿命的主要原因有管壁黑化引起的光衰，电极电子发射物质的消耗，启燃频繁。

4. 颜色特性

高压汞灯所发射的光谱包括线光谱和连续光谱，色温约为5000～5400K，光色为淡蓝绿色，由于与日光差别较大，所以其显色性差，显色指数一般为30～40。近年来，三基色荧光粉应用于高压汞灯，改善了高压汞灯的显色性，提高了灯的发光效率。

5. 电源电压变化的影响

高压汞灯对电源电压的偏移非常敏感，电压偏移会引起光通量、电流和电功率较大幅度的变化。高压汞灯在使用中允许电源电压有一定的变化范围，但电压过低时，灯可能熄灭或不能启动，而电压过高时也会使灯因功率过大而熄灭，从而影响灯的使用寿命。

1.4 高压钠灯

高压钠灯是继白炽灯、荧光灯之后的第三代照明光源。1932年，飞利浦（PHILIPS）公司推出100W高压钠灯，光效为62lm/W；1967年美国GE公司研制出新型高压钠灯HPS，光效大于100lm/W，寿命为2000h；目前，高压钠灯光效达120～150lm/W。寿命达20000h，为道路照明提供了一种高光效长寿命的光源。

高压钠灯使用时发出金白色光，具有发光效率高、耗电少、寿命长、透雾能力强和不锈蚀等优点。广泛应用于道路、高速公路、机场、码头、船坞、车站、广场、街道交会处、工矿企业、公园、庭院照明及植物栽培。高显色高压钠灯主要应用于体育馆、展览厅、娱乐场、百货商店和宾馆等场所照明。

1.4.1 高压钠灯的结构与类别

1. 高压钠灯的结构

高压钠灯的结构与高压汞灯相似，主要由放电管、外壳、金属支架和灯头组成，其核心元件为放电管。

(1) 放电管

高压钠灯放电管工作时，高温高压的钠蒸气腐蚀性极强，一般的抗钠玻璃和石英玻璃均不能胜任。而采用半透明多晶氧化铝和陶瓷管作放电管管体较为理想，它不仅具有良好的耐高温和抗钠蒸气腐蚀性能，还有良好的可见光穿越能力。另外，单晶氧化铝陶瓷管在耐高温、抗钠蒸气腐蚀和透光率等性能均优于多晶氧化铝陶瓷管，但其价格昂贵，所以目前很少被采用。

放电管将电极、多晶氧化铝陶瓷管、帽、焊料环装配在一起，加入钠、汞，一齐进入封接炉封接；同时充入少量氙气，以改善灯泡的启动特性。电极是用高纯钨丝绕成螺旋状，在螺旋孔中插入芯杆，浸渍电子粉，然后将电极芯杆一端和管封闭端焊接成一体。多晶氧化铝陶瓷管（帽）是选用多晶氧化铝陶瓷粉经混粉、喷雾干燥、等静压成型、高温烧结和切割等工序制成。高压钠灯的光、电参数与放电管的内径和弧长（两电极之间距离）有着密切联系。

(2) 灯芯

灯芯是采用金属支架将放电管、消气剂环等固定在芯柱上，放电管两端电极分别与芯柱上两根内导丝相连接。芯柱由导丝、排气管和喇叭口经高温火焰熔融成一体。金属导丝与玻璃封接部分的膨胀系数应与之匹配，可避免因两种封接材料的膨胀系数不同，造成封接处玻璃产生应力而爆裂或灯泡慢性漏气。

(3) 玻壳

玻壳选用高温的硬料玻璃制造。玻壳与灯芯的喇叭口经高温火焰熔融封口，然后抽真空或充入惰性气体后，再装上灯头，整个灯泡就基本成型。由于放电管在高温状态下工作，其外裸的金属极易氧化、变脆，必须将放电管置于真空或惰性气体的外壳内。这样还可减少放电管热量损失，提高冷端温度，提高发光效率。

（4）灯头

灯头的作用是方便灯泡与灯座、电路相连接。长寿命灯泡要求灯头与玻壳连接牢固，不能有松动和脱落现象。所以，目前一般采用螺纹机械紧固技术，可防止焊泥自然老化而脱落。制造灯头的材料一般采用黄铜带，它可与灯座保持较小的接触电阻，减轻金属表面氧化。如灯泡在特殊环境中使用，还可以在黄铜灯头表面涂覆铬层或镍层。其规格有 E27、E40 两种。

（5）消气剂

玻壳内经抽真空后，其真空度仅为 6.6×10^{-2}Pa，仍可使金属零件氧化，影响灯泡稳定地工作。所以在玻壳内放置适量消气剂，可将灯泡内真空度提高到 1.4×10^{-4} Pa 的高真空状态。目前，高压钠灯一般采用钡消气剂，它把钡钛合金置于金属环内，再将其固定在消气剂蒸散后不影响光输出的位置。灯泡经抽真空工序后，采用高频感应加热金属环，使环内钡钛合金受热后蒸散，在蒸散过程中吸收残余有害气体，同时在玻壳颈部形成一层黑色镜面。必须指出，消气剂的放置位置非常重要，以黑色镜面不阻碍光线输出为宜；在使用过程中如发现黑色镜面部分或全部变成灰白色，表示该灯泡已漏气，不能继续使用，必须调换新灯泡。

（6）汞

汞在常态时呈液态，具有银白色镜面光泽。在放电管中加入汞可提高灯管工作电压，降低工作电流，减小镇流器体积，改善电网的功率因数，增高电弧温度，提高辐射功率。

（7）钠

钠元素呈银白色，也称金属钠。它的理化性能有：质软而轻，可溶于汞。钠光谱特点为共振辐射线宽，偏向红色区，总辐射功率高；高压钠灯的光色和发光效率与钠蒸气压有关。目前，工业化生产的高压钠灯均采用钠汞一齐添加入灯泡内，可简化生产工艺，同时使灯泡参数一致性有很大提高。

（8）氙

氙气是一种稀有气体，它在灯泡中的作用是帮助启动和降低启动电压。氙气压的高低还将影响灯泡的发光效率。

2. 高压钠灯的类别

高压钠灯根据灯内钠蒸气压不同而分为以下几种。

（1）标准型高压钠灯

标准型高压钠灯灯内钠蒸气压为10kPa，色温为1950K，显色指数为23，灯所发出的光呈金黄色。

（2）显色改善型高压钠灯

显色改善型高压钠灯灯内钠蒸气压为40kPa，色温为2200K，显色指数为60，但其光效与标准型高压钠灯相比较明显下降。

（3）白光型高压钠灯

白光型高压钠灯灯内钠蒸气压为95kPa，色温为2500K，显色指数为85，但其光效与标准型高压钠灯相比较明显下降。

图1-7所示为典型的高压钠灯。

图1-7 高压钠灯

1.4.2 高压钠灯的工作原理

高压钠灯为冷启动，没有辅助电极，启动时两个工作电极之间有1000～2500V的高压脉冲，因此必须附设启燃触发装置。触发装置可以装在高压钠灯的放电管与外管之间，也可以外接触发器。

在高压钠灯的工作电路中除了灯泡外，还必须按内触发高压钠灯和外触发高压钠灯分别选用相应的工作电路，这样才能达到高压钠灯正常工作的要求：

内触发高压钠灯——灯泡+镇流器；

外触发高压钠灯——灯泡+镇流器+触发器。

外触发高压钠灯的燃点电路中，除了必须与配套镇流器串联使用外，还要在灯泡两端并联一个触发器，高压钠灯方可正常使用。目前，高压钠灯触发器普遍由电子元件组成，亦称为电子触发器。它具有无机械触点、可靠性好、体积小、重量轻、使用方便等优点。

在高压钠灯的工作电路中，与灯泡配套使用的镇流器有电感式镇流器和电子式镇流器两种。电感式镇流器由电感线圈和矽钢片回路制成非封闭状，而专门留有很小的间隙，使磁场处于非饱和状态，从而起到稳定电流的作用。电子式镇流器是由电子元件组成的器件，也是近年来实施照明节电的产品，它具有功耗低、体积小、重量轻、功率因数高，灯泡能瞬时启动等特点，目前在小功率气体放电灯（紧凑型节能灯）中应用较广泛。

当灯泡启动后，放电管两端电极之间产生电弧，由于电弧的高温作用使管内的钠、汞同时受热蒸发成为汞蒸气和钠蒸气，阴极发射的电子在向阳极运动过程中，撞击放电物质的原子，使其获得能量产生电离激发，然后由激发状态回复到稳定状态；或由电离状态变为激发状态，如此无限循环，多余的能量以光辐射的形式释放，便产生了光。高压钠灯中放电物质蒸气压很高，即钠原子密度高，电子与钠原子之间碰撞次数频繁，使共振辐射谱线加宽，出现其他可见光谱的辐射，因此高压钠灯的光色优于低压钠灯。

高压钠灯是一种高强度气体放电灯泡。由于气体放电灯泡的负阻特性，如果把灯泡单独接到电网中去，其工作状态是不稳定的，随着放电过程继续，它必将导致电路中电流无限上升，直至灯泡或电路中的零部件因过流而烧毁。因此，在使用时，高压钠灯必须配套镇流器。

1.4.3 高压钠灯的特性

1. 高压钠灯点燃

高压钠灯的启燃时间一般为4～8min，灯熄灭后不能立即再点燃，大约需要10～20min让金属片冷却，使其触点闭合后才能再启动。

2. 高压钠灯的伏—安特性

高压钠灯同其他气体放电灯泡一样，工作在弧光放电状态，伏—安特性曲线为负斜率，即灯泡电流上升，而灯泡电压反而下降。在恒定电源条件下，为了保证灯泡稳定地工作，电路中必须串联一个具有正阻特性的电路元件来平衡这种负阻特性，稳定工作电流，该元件称为镇流器或限流器。电阻器、电容器、电感器等均具有限流作用。

电阻性镇流器体积小、价格低，与高压钠灯配套使用会发生启动困难，工作时电阻产生很高的热量，需有较大的散热空间，消耗功率很大，将会使电路总照明效率下降。它一般在直流电路中使用，而在交流电路中使用灯光有明显闪烁现象。

电容性镇流器虽然不像电阻性镇流器那样自身消耗功率很大，但其温升低，在电源频率较低，电容器充电时，会产生脉冲峰值电流，对电极造成极大损害，灯光闪烁，影响灯泡的使用寿命；在高频电路中工作，电压波动能达到理想状态，为理想的镇流器。

电感性镇流器损耗小，阻抗稳定，阻抗性偏差小，使用寿命长，灯泡的稳定度比电阻性镇流器好，目前与高压钠灯配套使用的镇流器均为电感性镇流器。其缺点是较笨重及价格偏高。另外，电子镇流器已经开始出现。所以，高压钠灯必须串联与灯泡规格相应的镇流器后方可使用。高压钠灯的点灯电路是一个非线性电路，功率因数较低，因此在电路上要接补偿电容，以提高电路的功率因数。

3. 电源电压变化对高压钠灯的影响

高压钠灯的灯管工作电压随电源电压的变化而发生较大变化，电源电压偏移对高压钠灯的光输出影响也较大。如果电源电压突然降落超过10%以上，灯管有可能自己熄灭。为了保证高压钠灯能稳定工作，对它的镇流器有特殊的要求，从而使灯管电压保持在稳定的工作范围内。

1.5 金属卤化物灯

金属卤化物灯是利用交流电源工作的，在汞和稀有金属的卤化物混合蒸气中产生电弧放电发光的放电灯。金属卤化物灯是在高压汞灯的基础上添加各种金属卤化物制成的第三代光源。照明采用钪钠型金属卤化物灯，金属卤化物灯具有发光效率高、显色性能好、寿命长等特点，是一种接近日光色的节能光源，广泛应用于体育场馆、展览中心、大型商场、工业厂房、街道广场、车站、码头等场所的照明。

1911年，施泰因梅茨发现在汞放电灯中加进各种金属碘化物时，放电电弧中就会产生这些金属的光谱。但是，当时的放电管温度受玻璃软化等的限制，其光谱强度微弱。金属卤化物灯的雏形是1912年GE公司的美国授权专利USP1025932。1953年，制成放电管中采用碘化钍、不需要电极的微波激发石英发光灯，它产生亮白色的钍发射谱线。20世纪50年代末，为了改进高压汞灯的光色，进行了在汞放电管内充入各种金属及金属卤化物的试验。1960年，GE公司的GILBERT REILING采用钠和铊进行了金属卤化物灯试验，并于1961年申请金属卤化物灯的专利，1966年授权，专利号为USP3234421。1961年，第一支金属卤化物灯问世，灯内的发光物质不再是汞，而是金属卤化物（钠、铊、铟的碘化物）。金属卤化物灯得到进一步研究、应用和发展。

1.5.1 金属卤化物灯的结构与类别

1. 金属卤化物灯的结构

用于普通照明的金属卤化物灯，其外形和结构与高压汞灯相似，只是在放电管中除了充入汞和氩气外，还填充了各种不同的金属卤化物。金属卤化物灯主要依靠这些金属原子的辐射发光，再加上金属卤化物的循环作用，获得了比高压汞灯更高的光效，同时还改善了光源的光色和显色性能。

金属卤化物灯的放电管具有独特的橄榄状外形设计，能够带来极佳的光色一致性。有效地解决了因光色漂移引起的色彩分布不均现象。采用无焊点的支架安装结构，可以防止因高温氧化或振荡引起的支架焊点断裂，更加提高了灯泡的可靠性。放电管不受燃点位置的限制，可以实现任意位置的燃点。发光效率极高，平均光效为110lm/W。在合理的点灯线路上使用，对灯的电极有更好的保护作用，可以使灯的使用寿命更长。最长可达20000h以上。高光效和长寿命，可以减少工程中使用光源、电器和灯具的数量，减少灯泡更换的次数，从而降低了整体维护成本。适合垂直燃点和水平燃点，垂直燃点效果更好。最适用于对光色一致性要求较高的城市道路、大型卖场、购物中心、建筑物、广告、机场等场所的照明。

图1-8所示为典型的金属卤化物灯。

2. 金属卤化物灯的类型

金属卤化物灯有两种类型，一种是石英金属卤化物灯，其放电管泡壳是用石英做的；另一类是陶瓷金属卤化物灯，其放电管泡壳是用半透明氧化铝陶瓷做的。金属卤化物灯具有高光效（65~140lm/W）、寿命长（5000~20000h）、显色性好（Ra为65~95），结构紧凑、性能稳定等特点。它兼有荧光灯、高压汞灯、高压钠灯的优点，克服了这些灯的缺陷。金属卤化物灯

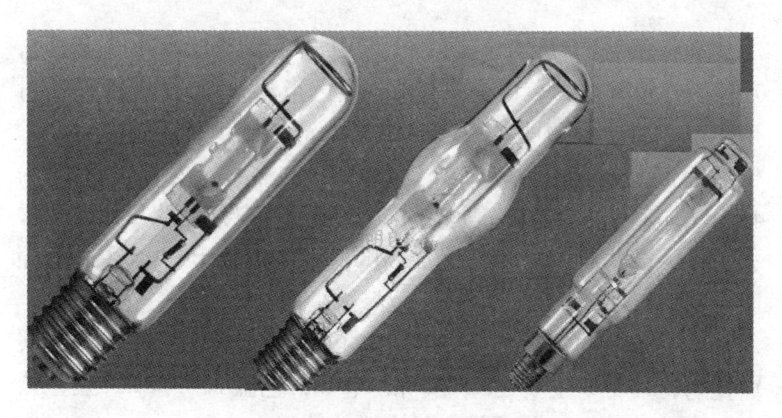

图 1-8 金属卤化物灯（上海亚鸿）

汇集了气体放电光源的主要优点，尤其是光效高、寿命长、光色好三大优点。因此，金属卤化物灯发展很快，用途越来越广。市场上的金属卤化物灯同其他气体放电灯一样，灯内的填充物中有汞，汞是有毒物质，制造灯具注汞时，如果处理不慎，会造成生产环境污染，有损工人的身体健康；放电管排气时，有微量的汞蒸气排出，若处理不当，会直接排入大气；当使用的灯破损时，会对环境造成污染。

（1）金属卤化物灯按结构可分为单泡壳双端型、双泡壳双端型、双泡壳单端型等。

1）单泡壳双端型：单泡壳双端型灯的放电管接近球形，内充稀土金属的卤化物，灯的光色接近阳光，灯的加工精度很高，并采用预聚焦的灯头，因而能准确控制光。

2）双泡壳双端型：双泡壳双端型的放电管被封装在一个直管形的石英玻璃外壳中，外壳抽成真空。这类灯的放电管内充填镝、钍等稀土金属的卤化物。根据色温，它们又可以分为两类，一类灯的色温为4200K，显色指数为80～85；另一类灯的色温为3000K，显色指数为75。

3）双泡壳单端型：双泡壳单端型灯是一般照明中常用的类型，其外壳有管状透明外壳和涂荧光粉的椭球外壳之分。

管状透明外壳的：当放电管中充填稀土金属卤化物时，70W 和 150W 灯的色温为 4000K，显色指数分别为 80 和 85，可用于室内的展示照明。放电管中充入钠、铊、铟金属卤化物的钠铊铟灯，包含有从 250W 到 2000W 的多种规格，其色温为 4500K，显色指数为 65，可用于道路照明和景观照明。放电管中充入钪、钠的钪钠灯色温为 4000K，显色指数为 60，在一般照明中都可以使用。

涂荧光粉的椭球外壳的：在放电管中充入钠、铊、铟金属卤化物，其功率主要是 250W 和 400W，色温为 4300K，显色指数为 68，这类灯比较适合在城市道路照明中使用。

（2）金属卤化物灯按填充物可分为 3 类：

1）钠铊铟灯：钠铊铟灯是指充入钠、铊、铟碘化物的金属卤化物灯。钠铊铟灯在点燃时，由钠、铊、铟 3 种金属原子发出线状光谱叠加而成，其谱线是 589nm 和 535nm，都位于光谱光效率的最大值附近，所以灯的发光效率很高，可达到80lm/W，色温为 5500K，平均显色指数为 60 ~ 70。钠铊铟灯的不足是光效和光色的一致性差，即同型号同功率的灯，其光色和光效可能有较大的差别。此外，在高温工作状态下，钠会对石英壁产生腐蚀和渗透，使灯内的钠慢慢减少，使光色和光效产生变化。

2）钪钠灯：钪钠灯是指充入钪、钠碘化物的金属卤化物灯。钪钠灯在点燃时，钠发出强谱线，而钪发出许多连续的弱谱线，因此钪钠灯的发光效率也比较高，可达到 80lm/W，其显色较好，平均显色指数为 60 ~ 70。钪钠灯在整个可见光范围内具有近似连续的光谱。

3）镝灯：镝灯是指充入镝、铊、铟碘化物的金属卤化物灯。镝是稀土类金属，充入金属卤化物灯内能在可见光区域发出大量密集光谱谱线。在整个可见光谱范围内具有间隔极窄的多条谱线，近似连续光谱。其光谱与太阳相近，所以镝灯可以得到类似日光的光色，显色性很好，显色指数可达 80，光效达 75 lm/W 以上。

1.5.2 金属卤化物灯的工作原理

金属卤化物灯的发光原理与高压汞灯相似。灯启动点燃后，灯管放电开始在惰性气体中进行，灯只发出暗淡的光，随着放电继续进行，放电管产生的热量逐渐加热玻壳，使玻壳温度慢慢升高，汞和金属卤化物随玻壳温度的上升而迅速蒸发，扩散到电弧中参与放电，当金属卤化物分子扩散到高温中心后分解成金属原子和卤素原子，金属原子在放电中受激发而发出该金属的特征光谱。

金属卤化物灯的点燃位置变化将引起灯的电压、光色和光效的变化。因此，金属卤化物灯产品说明书上都注明了灯的点燃位置，在使用过程中应尽量保证按指定位置点灯，以获得最佳特性。

1.5.3 金属卤化物灯的光电参数及特性

1. 启燃与再启燃

与高压汞灯一样，金属卤化物灯也有一个较长的启动过程。由于金属卤化物比汞难蒸发，金属卤化物灯的启燃和再启燃时间要比高压汞灯略长一些，从启动到光电参数基本稳定，一般需要4min左右，而达到完全稳定则需要15min。金属卤化物灯在关闭或熄灭后，需要等待10min左右才能再次启动。

2. 电源电压变化的影响

金属卤化物灯的灯管工作电压随电源电压的变化而发生较大变化，电源电压发生变化时，灯的参数会发生较大的变化，对金属卤化物灯的光输出影响也较大。例如钠铟铊灯在电源电压变化±10%时，色温将降低500K或升高1000K。如果电源电压突然降低10%，灯管可能自己熄灭。为了保证金属卤化物灯能稳定工作，要求电源电压变化不超过额定值的±5%。

3. 能效等级

金属卤化物灯能效等级（BEF）见表1-2，金属卤化物灯镇流器能效等级见表1-3。

金属卤化物灯能效等级 **表 1-2**

额定功率（W）	最低平均初始光效值（lm/W）		
	能效等级		
	1 级	2 级	3 级
175	86	78	60
250	88	80	66
400	99	90	72
1000	120	110	88
1500	110	103	83

金属卤化物灯镇流器能效等级参数值 **表 1-3**

额定功率 W		175	250	400	1000	1500
BEF	1 级	0.514	0.362	0.232	0.0957	0.0640
	2 级	0.488	0.344	0.220	0.0914	0.0611
	3 级	0.463	0.326	0.209	0.0872	0.0582

1.6 LED 灯

LED（Light Emitting Diode）发光二极管，是一种固态的半导体器件，它可以直接把电转化为光。LED 灯是公认的绿色光源，被誉为第四代电光源，它以其固有的特点，已经开始应用于各个照明领域，其中在城市道路照明中出现了 LED 路灯示范工程。2006 年 10 月，国家“十一五”、“863 计划”半导体照明工程重大项目正式启动。我国出现了一批示范性 LED 路灯照明实例，节能效果明显。LED 灯目前广泛应用于城市景观照明中。

1.6.1 LED 灯发展进程

最早应用半导体 P-N 结发光原理制成的 LED 光源问世于

20 世纪 60 年代初。当时所用的材料是 GaAsP，发红光（λ_p = 650nm），在驱动电流为 20mA 时，光通量只有千分之几个流明，相应的发光效率约 0.1lm/W。20 世纪 70 年代中期，引入元素 In 和 N，使 LED 产生绿光（λ_p = 555nm）、黄光（λ_p = 590nm）和橙光（λ_p = 610nm），光效也提高到 1 lm/W。到了 20 世纪 80 年代初，出现了 GaAlAs 的 LED 光源，使得红色 LED 的光效达到 10 lm/W。20 世纪 90 年代初，发红光、黄光的 GaAlInP 和发绿、蓝光的 GaInN 两种新材料的开发成功，使 LED 的光效得到大幅度的提高。在 2000 年，前者做成的 LED 在红、橙区（λ_p = 615nm）的光效达到 100 lm/W，而后者制成的 LED 在绿色区域（λ_p = 530nm）的光效可以达到50lm/W。

最初，LED 用作仪器仪表的指示光源，后来各种光色的 LED 在交通信号灯和大面积显示屏中得到了广泛应用，产生了很好的经济效益和社会效益。

对于一般照明而言，人们更需要白色的光源。1996 年 9 月，发白光的 LED 由日本日亚工业株式会社成功推出。这种 LED 是将 GaN 芯片和钇铝石榴石（YAG）封装在一起做成的。GaN 芯片发蓝光（λ_p = 465nm，W_d = 30nm），高温烧结制成的含 Ce^{3+} 的 YAG 荧光粉受此蓝光激发后发出黄色光发射，峰值为 550nm。蓝光 LED 基片安装在碗形反射腔中，覆盖以混有 YAG 的树脂薄层，约 200 ~ 500nm。LED 基片发出的蓝光部分被荧光粉吸收，另一部分蓝光与荧光粉发出的黄光混合，可以得到白光。现在，对于 InGaN/YAG 白色 LED，通过改变 YAG 荧光粉的化学组成和调节荧光粉层的厚度，可以获得色温为 3500 ~ 10000K 的各色白光。到 2001 年，美国的 holy grail 光效已达 40 ~ 50lm/W。

目前实现 LED 照明有 3 种技术路线：利用红、绿、蓝三基色 LED 合成白光；利用紫外 LED 激发三基色荧光粉，由荧光粉发出合成白光；采用蓝光 LED 激发黄光荧光粉实现二元混色白光。其中，利用红、绿、蓝三基色 LED 合成白光，不仅可实现白光光谱，而且光源颜色可调。

白色LED灯几乎不含红外与紫外成分，显色指数可达85，光输出随输入电压的变化基本上呈线性，因此调光方法简单，效果可靠。

有机发光二极体（OLED）发展的重要里程碑为20世纪80年代中期，美国柯达公司提出多层结构，并引入芳香族胺类为传递层，成功建立了高效率及低驱动电压的元件结构，之后历经二十多年的改进，OLED有了长足的进步。由于OLED为平面发光，而且可在轻薄、可挠式的基材上形成阵列结构，所以也非常适合应用于照明光源，OLED的发光效率大于100lm/W，有可能取代一般照明。

1.6.2 LED灯的发光原理与特点

1. LED灯的发光原理

20世纪60年代，人们已经了解半导体材料可产生光线的基本知识，LED的“心脏”是一个半导体的晶片，晶片的一端附在一个支架上，一端是负极，另一端连接电源的正极，使整个晶片被环氧树脂封装起来。半导体晶片由两部分组成，一部分是P型半导体，其中空穴占主导地位，另一端是N型半导体，其中主要是电子。但这两种半导体连接起来的时候，它们之间就形成一个P-N结。当电流通过导线作用于这个晶片时，电子就会被推向P区，在P区里电子与空穴复合，然后就会以光子的形式发出能量，这就是LED的发光原理。而光的波长也就是光的颜色，是由形成P-N结的材料决定的。

2. LED光源的特点

（1）节电、寿命长

LED单管功率为0.03～0.06W，采用直接驱动，单管驱动电压为1.5～3.5V，电流为15～20mA。在同样照明效果的情况下，耗电约为白炽灯的1/8。LED灯体积小、重量轻，环氧树脂封装，可承受高强度机械冲击和振动，不易破碎，理论平均寿命达100000h。另外，LED灯具使用寿命可达5年以上。

(2) 安全环保

LED是冷光源，发热量低，无热辐射，可以安全接触；能精确控制光型及发光角度，光色柔和，无眩光。特别是LED灯不含汞、钠元素等可能危害人体健康的物质，其废弃物可回收，无污染，这是绿色光源的重要指标。

(3) 适合城市景观照明

LED启动时间只有几十纳秒，可反复频繁亮灭；LED光源色彩纯正、丰富，可演变任意色彩，其装饰性较好；LED光源体积小，可以做成点光源，并可以进行多种组合，从而形成点、线、面、体多种形状；LED光源通过智能化控制技术，对点状LED光源组合进行动态控制、闪变控制，适合形成“点、线”；进行渐变控制，适合形成“面”，使图案纵向、横向动感变化。以上三种变化也可形成球体的旋转运动，能够做到单灯控制和群灯控制。

1.6.3 LED光源景观灯

LED灯应用于城市景观照明，主要用于重要建筑、商业中心、名胜古迹、草坪等的装饰照明以及集装饰与广告为一体的商业照明。由于LED光源小而且薄，可以水平也可以垂直安装；能与建筑物表面完美地结合，也可以很好地与城市街道陈设有机结合；可以在城市的休闲空间如公园的路径、滨水地带、园艺进行照明，也可以在街道边的花卉或灌木进行照明。作为景观照明灯具，LED灯与霓虹灯相比，具有低电压、安全可靠、节能环保、密封性能好、没有玻璃、加工费用低等优点，将取代霓虹灯。

目前，常规的景观灯有庭院灯、步道灯、草坪灯、壁灯、建筑物轮廓灯、小型射灯、道路分道灯、地埋灯、水下灯等。

1. LED轮廓灯

LED轮廓灯分为D形、U形、方形和三角形等。主要应用于建筑轮廓、立交桥、河道、花园、灯柱的照明，它能勾勒出各种建筑物、栏杆等的外观。

2. LED彩虹灯

LED 彩虹灯分为圆二线、扁三线、扁四线、变七色线几种，主要应用于建筑轮廓、KTV、酒吧、家装、小区亮化、商业中心装饰照明，它能勾勒出各种建筑物轮廓，烘托气氛。

3. LED 投光灯

按功率，LED 投光灯分为 1W、3W、8W、12W、18W、36W 几种。主要应用于单体建筑、历史建筑群外、大楼内光外透照明、室内局部照明、绿化景观、广告牌、酒吧的照明。它能烘托景观气氛，使建筑物亮化。

4. LED 洗墙灯

按功率，LED 洗墙灯分为 8W、12W、24W、27W、36W 几种。主要应用于各种建筑群外墙、大型建筑物、立交桥、绿化景观、广告牌照明。它能勾勒大型建筑物的轮廓。由深圳市联创环保节能设备有限公司提供的大、中、小功率蓝、白两色 LED 洗墙灯在 2010 年上海世博会高架桥内环景观灯工程中得到应用，经过施工方检验，各项指标均达到或超过国家相关标准，如图 1-9 所示（LED 照明网）。

图 1-9　LED 洗墙灯应用于大型立交桥

5. LED 埋地灯

LED 埋地灯可分为 24 粒、36 粒、48 粒几种，主要应用于商场、停车场、绿化带、公园旅游景点、步行街的照明。它起装饰照明或指示照明的作用。

6. LED 水底灯

LED 水底灯分为地埋式、壁挂式、立式几种，主要应用于喷泉、水景雕塑、瀑布、游泳池、河道的照明。它能烘托气氛，装饰环境。

1.6.4 LED 光源应用实例

1. 北京奥运会开幕式地面画卷

2008 年贯穿北京奥运会开幕式演出始终的大型地面画卷无疑成为了这场精彩演出的最大亮点。整个画卷上所有的 LED 灯均匀排布，如图 1-10 所示。画面与卷轴部分因其不同的使用需求而采取了不同的制作方式。对于画卷的画面部分来说，由于整场演出上万名演员及数量庞大的演出道具需要在上面移动，所以要求显示屏整体要有很好的平整度、良好的结构强度以及突出的抗压性能。综合上述要求，画面部分最终采用了灯条拼接的形式。灯条外壳采用铝镁合金制作，质量轻且强度高，加装了高品质 PC 面罩后，使整个画卷显示屏的显示面平滑，演员们可以

图 1-10 北京奥运会开幕式地面画卷（新华社记者杨磊摄）

毫无顾虑地在其上进行表演。高品质 PC 面罩还使画面产生朦胧的雾化效果，完美地展现出中国历史画卷的古典美感。而对于两端画轴的部分，情况就不同了。同样是采用灯条的形式，但要完美地完成柱形面的显示，同时需要做到更轻，以便于其横向移动。并且因为其不承载任何演员及设备，所以在铝质主结构的基础上，将灯条做得更细，并采用透明 PC 材料制作灯条套管，对灯条进行保护。

2. 上海世博会灯光秀

2010 年上海世博会中国主题馆 4 个立面的景观照明均采用 LED 照明技术，替换了传统的景观灯具，上演着一出出流光溢彩令人炫目的灯光秀，如图 1-11 所示。由 6 个巨型圆锥状钢结构组成的世博轴阳光谷的彩灯充满设计感，变幻出 7 种颜色亮出世博标志、英文缩写和各种造型的海宝图案，令人赏心悦目，如图 1-12 所示。

图 1-11　上海世博会中国主题馆

3. LED 路灯

2003 年后，LED 路灯的示范计划在各国展开，包括荷兰、

图 1-12 上海世博会开幕式大型灯光喷泉焰火表演
（新华社记者程敏摄）

英国、加拿大、美国以及中国等。目前，LED 城市照明系统已先后在加拿大多伦多、美国奥斯汀等城市得到应用。由天津工业大学半导体照明工程研发中心、美国科锐公司和天津开发区共同建设的我国 LED 城市照明工程，日前在天津开发区正式启动。

山东省潍坊市从 2006 年 10 月起，陆续在该市安装 LED 路灯，目前已经安装了两万多盏。另外，广东省也有建成 LED 路灯照明工程的报道。但是市场产品参差不齐，光、机、电、热等系统设计技术仍有待突破，其中，又以光、热的技术难度最大。围绕着高功率 LED 光源和 LED 路灯系统设计两大关键技术难点，通过科技人员坚持不懈的努力，目前已有重大突破，将有助于路灯市场规模的加速扩大。

不仅我国积极研发 LED 路灯，并积极示范引导使用，世界各国都在推广 LED 路灯的使用，LED 城市照明行动（LED City）于 2007 年 2 月启动。各国 LED 路灯示范计划如表 1-4 所示。

各国主要 LED 路灯示范计划 **表 1-4**

示范城市	公司	内容
Dutch town of Ede（荷兰）	Philips（2005）	每个光学模块中包含 18 个白光和黄光 LED。在离地 8m 情况下，光照范围为 4m，到地面照度为 10lx。
林肯（英国）	Lincoln Electric System（LES）2006	采用 LED 路灯后，期望可以节省 20% 的电费（Lincoln 有 27550 盏路灯）
多伦多（加拿大）	Leotek Electronics（2007）	多伦多有 160000 盏路灯，若全部改为 LED 灯，每年将节省 6 亿美元电费，减少 18000t 温室气体排放。每 1 个 LED 灯中，需要包含 117 个 LED，其照度才能与传统路灯相同
纽约（美国）	Thomas Phifer Visual Inleraction，Inc（ovi）	正在针对 LED 光源及模组技术进行研发
北卡罗来纳州（美国）	Cree（2007）	打造世界上第 1 座 LED City，市民对 LED 所呈现的照明品质认同度提升了 3 倍。

1.7 太阳能灯

太阳能路灯以太阳光为能源，白天充电晚上使用，无需复杂、昂贵的管线铺设，可任意调整灯具的布局，安全节能、无污染，无需人工操作，工作稳定可靠，节省电费，免维护。

1.7.1 太阳能路灯的结构

太阳能路灯是一个独立的照明系统，该系统从太阳光中获取能量，无需另外铺设电缆。太阳能路灯系统包括太阳能组件、蓄电池、灯负载及相关控制电路等。负载的类别决定了照明效果，其功率决定了太阳能组件及蓄电池的选型。

1. 太阳能组件

太阳能组件主要是指太阳能电池板。当太阳能电池板受到光的照射时，能把光能转变为电能，使电流从一方流向另一方。太阳能电池板只要受到阳光或灯光的照射，一般就可发出相当于所接收光能1/10的电来。为了使太阳能电池板最大限度地减少光反射，将光能转变为电能，一般在它的上面都蒙上了一层防止光反射的膜，使太阳能电池板的表面呈紫色。

2. 蓄电池

太阳能路灯供电系统中，蓄电池的性能好坏直接影响系统的综合成本及使用寿命，采用的蓄电池一般为太阳能专用胶体蓄电池，其使用寿命是普通铅酸免维护电池的3倍以上，寿命可达5~8年，有利于系统维护费用的降低；充放电控制器具备光控、时控、过充电保护、过放电保护和反接保护等，实现很高的性价比。

3. 灯具光源

目前我们常用的太阳能灯具的光源有LED（发光二极管）、节能灯、无极灯和低压钠灯4种。

（1）LED灯

LED的结构与普通的二极管类似，它利用P-N结中少数载流子在复合过程中把多余能量以光的形式释放出来，由于使用半导体材料，所以它的理论寿命可达10万h以上。不同的材料做成的LED发出光的颜色不一样，其光效也不同。由于其结构的特殊性，LED发出的光形成一定的角度，角度越大，其光强越弱。LED目前还存在以下不足，在使用中必须注意：

1）发光效率低，有报道说白光LED光效已达50lm/W，但仍低于节能灯的光效；

2）温度特性不好，温度上升，光通量下降；

3）光衰严重，如果以光通量维持初始强度的50%来计算它的寿命，则其寿命不到10000h；

4）使用中应严格控制其峰值电流及反向电压，否则会大大影响其寿命，所以在使用中应采取限流措施，增加使用成本；

5）制作大功率的LED较困难，所以功率越大，价格越高。

（2）高效节能灯

节能灯主要通过镇流器给灯管灯丝加热，大约在1160K的温度时灯丝就开始发射电子（因为灯丝上涂上了电子粉），电子碰撞氩原子产生非弹性碰撞，氩原子获得能量后撞击汞原子，汞原子在吸收能量后跃迁产生电离，发出了253.7nm的紫外线。由于节能灯是通过荧光粉发光的，所以光衰较大。另外，直流节能灯的光效小于交流节能灯，其寿命也低于交流节能灯，在太阳能照明中若使用交流节能灯，必须考虑15%～25%的逆变损失以及电源波形畸变引起的亮度下降。由于散热问题，目前节能灯最大功率不超过100W。

（3）无极灯

无极灯顾名思义就是没有电极，依靠电磁感应形成等离子气体放电的基本原理发光。由于没有电极和灯丝，使灯的寿命长达10万h，气体通过简单的磁力放电而产生了光，使用由电子镇流器产生的高频金属线圈磁环组成的电磁发生器在玻璃管（含有气体）周围产生了磁场，由线圈引起的放电路径形成一个闭路，从而引起了自由电子的加速度，这些自由电子和汞电子相撞激发了电子，因为激活的电子从高能态退到低能态时放射出紫外线，当通过玻璃管表面的纳米六基色荧光粉时转换成可见光。目前，40W以上的无极灯都是交流工作，如用在太阳能灯上，需用逆变器。

（4）低压钠灯

用抗钠玻璃制成的玻璃泡内充有金属钠和辅助气体氖，通电后先是氖放电呈现红光，待钠受热蒸发产生低压蒸气，很快取代氖气放电，经几分钟后，发光稳定，射出强烈的黄光。低压钠灯的光效是目前已知光源中最高的，达200lm/W。目前55W以上的低压钠灯都是交流供电，所以用在太阳能灯上需用逆变器。

从发展前景看，LED 路灯是以大功率 LED 灯为发光源的新一代道路照明灯具，它比传统钠灯、汞灯省电 50% 以上，寿命是传统灯具的 5 倍。LED 路灯以低电压、直流供电，是太阳能路灯的最佳选择。

4. 控制电路

太阳能路灯是一个自动控制的工作系统。控制模式分为光控和计时控制两种，一般采用光控或光控与计时组合工作方式。灯在光照强度低于设定值时控制器启动灯点亮，同时计时开始，当计时到设定时间时就停止工作。根据光控或时控不同的要求，蓄电池充电和放电的时间、放电的强度大小可以得到控制。

1.7.2 太阳能路灯的工作原理

太阳能路灯系统的工作原理是：电路工作过程可简述为通过充电控制电路将太阳能储存到蓄电池组中，负载再从蓄电池获取能量。由于蓄电池端输出直流电压，因此对于交流负载需要逆变电路将直流转换为交流；对于直流负载，虽然不需要逆变器，但是为了达到恒流、恒压等控制，往往需要 DC/DC 变换电路。

利用光伏效应原理制成的太阳能电池板，白天接收太阳辐射能转化为电能输出，经过充放电控制器储存在蓄电池中，夜晚当照度逐渐降低、太阳能电池板开路电压为 4.5V 左右时，充放电控制器动作，蓄电池对灯头放电。灯亮 8.5h 后，充放电控制器动作，熄灯。充放电控制器的主要作用是保护蓄电池及控制开灯、熄灯时间。

可根据使用地每日需照明的时间、需保证照明的最大天数以及所用光源等情况，由用电负荷来设计蓄电池的大小，根据日照时间调整确定连续照明时间。也就是说只要不是天气出现异常，太阳能路灯大多能有效运行，即便连着下 5 ~ 7d 的雨，太阳能路灯储备的电量基本可维持正常工作。

图 1-13 所示为太阳能路灯。该太阳能路灯由安徽省合肥市皖绿新能源科技有限公司与中国科技大学、中科院合肥分院研发、生产。此灯经纳米高吸附材料处理，经久耐用，使用寿命

为20年，价格也与普通灯具相当。这种太阳能灯每日正常照明时间为8～10h，只需晒一天太阳，就能保证供电5～7d，即便连着下7d雨，太阳能灯也能正常照明。

图1-13中的太阳能路灯组成及参数：

（1）进口太阳能电池板；

（2）光源为大功率高效LED或低压钠灯；

（3）控制部分为皖绿系列微电脑智能脉冲控制，光控加时控，过充过放保护；

（4）蓄电池为太阳能灯具专用防水蓄电池；

（5）灯杆：高度5～12m，热镀锌喷塑；

（6）灯具：电脑设计，压铸铝、喷塑；

（7）使用参数：环境温度：－50～＋70℃；照明时间：每天10～14h（可以根据要求调整）；连续阴雨天：10～15d（一般超过10d）；系统寿命：大于20年。

图1-13　太阳能路灯

图1-14　太阳能风光互补路灯

图 1-14 所示为太阳能风光互补路灯，其蓄电池储存太阳能和风能，并转换为电能。

江苏无锡规模最大的太阳能路灯电站在太湖新城落成并投入使用。系统由太阳能电池组件部分（包括支架）、LED 灯头、控制箱（控制箱内放置免维护铅酸蓄电池和充放电控制器）和灯杆几部分构成；太阳能电池板光效达到 $127W/m^2$，效率较高，对系统的抗风设计非常有利；灯头部分以 1～5W 白光 LED 和 1～5W 黄光 LED 集成于印刷电路板上，排列为一定间距的点阵作为平面发光源。

在太湖新城市民广场周围的立德道、清舒道、观山路上，看见所有的路灯杆顶端都盛开着一朵硕大的“向日葵”。这批新型的太阳能路灯是与市电互补型的。市区中心大厦东南侧的绿树丛中，有 12 组巨大的太阳能发电板方阵。这 12 组太阳能板发的电，被通到一个“小房间”里，这里储备着电池，夜晚再把储藏的电能分配到附近尚贤河一期绿地的 113 套路灯及沿湖地埋灯上使用。光是这套系统，一年就可节电 37960kWh，折算成标准煤大约是 13664kg，可以减排二氧化碳 33140kg。

第2章　道路照明灯具

城市道路照明灯具是城市景观的一个重要组成部分。道路、广场和建筑是构成城市空间的三大要素，各式各样的道路灯具随着纵横交错的城市道路和点缀其间的广场遍布于城市的各个角落。因此，无论从分布的空间及场所，还是分布的个体及类型，道路照明灯具都是城市景观设计中不可忽视的重要因素。

照明工程中，照明器是指光源与灯具的组合。灯具是指除光源以外所有用于固定和保护光源的全部零件，以及与电源连接所必需的线路附件。灯具的主要作用有：

（1）固定光源及其控制装置，保护它们免受机械损伤，并为其供电，让电流安全地流过灯泡或灯管；

（2）控制灯泡或灯管发出光线的扩散程度，实现需要的配光，防止直接眩光；

（3）保证照明安全，如防爆等；

（4）装饰美化环境。

2.1　灯具的分类

灯具的分类方法很多，目前比较常用的灯具分类是按照国际照明委员会（CIE）和国际电工委员会（IEC）提出的方法进行分类，也就是按光分布、防触电形式、防水防尘等级分类。

2.1.1　按光束角分类

国际照明委员会（CIE）在1965年制定了道路照明灯具按其光分布特点的分类方法，现在许多国家仍在应用。该方法使用“截光”、“半截光”、“非截光”三种类型来描述道路照明灯具的性质。

1. 截光型灯具（Full cut-off luminaire）

截光型灯具严格限制水平光线，给人以“光从天上来”的感觉，几乎感觉不到眩光。最大光强方向在0°~65°，其90°和80°方向上的光强最大允许值分别为10cd/1000lm和30cd/1000lm。

2. 半截光型灯具（Semi-cut-off luminaire）

半截光型灯具给人以“光从建筑物来”的感觉，有眩光但不严重。最大光强方向在0°~75°，其90°和80°角度方向上的光强最大允许值分别为50cd/1000lm和100cd/1000lm。

3. 非截光型灯具（Non-cut-off luminaire）

非截光型灯具不限制水平光线，眩光严重，但它能把接近水平的光线射到周围的建筑物上，看上去有一种明亮的感觉。其在90°角方向上的光强最大允许值为1000cd。

一般道路照明主要选用截光型和半截光型灯具。道路照明灯具按光强分布分类见表2-1。

道路照明灯具按光强分布分类　　　　表2-1

灯具类型	最大光强方向	在下列方向允许的最大光强值	
		90°	80°
截光型灯具	0°~65°	10cd/1000lm	30cd/1000lm
半截光型灯具	0°~75°	50cd/1000lm	100cd/1000lm
非截光型灯具	—	1000cd	—

2.1.2　按光通量分布分类

按照CIE的建议，照明灯具采用配光分类法，它按光通量在上下两个半球空间的分布比例分为5类，其特征见表2-2。

直接型灯具光线集中，工作面上可获得充分照度；半直接型灯具光线能集中在工作面上，空间也能得到适当的照度；漫射型灯具空间各个方向光强基本一致，可达到无眩光；半间接型灯具增加了反射光的作用，使光线比较均匀柔和；间接型灯具扩散性好，光线均匀柔和，避免了眩光，但光的利用率低。

CIE 灯具按光通量分布分类 **表 2-2**

灯其类别		直接型	半直接型	全漫射（直接-间接）型	半间接型	间接型
光强分布				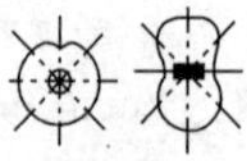		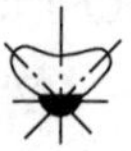
光通分配（%）	上	0～10	10～40	40～60	60～90	90～100
	下	100～90	90～60	60～40	40～10	10～0

1. 直接型灯具

直接型灯具由反射性能良好的非透明材料制成，如搪瓷、抛光铝或铝合金板和镀银镜面等。其下方敞口，光线通过灯罩的内壁反射和折射，将 90% 以上的光通量向下直射，工作面上可以获得充分的照度。直接型灯具的效率较高，但因几乎没有上射光通量，因此顶棚很暗，容易与灯形成强烈的亮度对比，还因光线的方向性强，容易产生阴影。直接型灯具多用于室内照明。

2. 半直接型灯具

半直接型灯具由非透明材料制成，下方敞口灯具多属于这一类。它能将较多的光线直接照射到工作面上，供作业照明；上射光通量可供空间环境照明。半直接型灯具也多用于室内照明。

3. 漫射型（直接—间接型）灯具

漫射型灯具用乳白色玻璃或透明塑料等漫透射材料制成封闭式的灯罩，造型美观，光线均匀，但光通量损失比较多，光利用率较低。

4. 半间接型灯具

半间接型灯具上半部分用透光材料制成或采用敞口结构，下半部分用漫透射材料制成。由于上射光通量分布比例超过了 60%，因而增加了室内散射光的照明效果，光线更加柔和、均匀，使灯具的上部容易积尘而导致灯具效率的下降。

5. 间接型灯具

间接型灯具上半部分用透光材料、下半部分用不透光材料制成。使90%以上的光通量照射到顶棚或其他反射器，再反射到工作面上，因此能最大限度地减少阴影和眩光，光线极其柔和均匀，但照明缺乏立体感，且光损失很大。

随着景观照明需求的不断增长，现在出现了一些兼顾路面照明和周围环境景观照明的灯具，其形式类似于半直接型灯具或半间接型灯具，这些灯具主要使用在庭院小径、人行道、商业步行街等场所。

2.1.3 按防触电保护形式分类

为了电气安全，灯具的所有带电部分必须用绝缘材料隔离。这种保护人身安全的措施称为防触电保护。按防触电保护形式，灯具可分为0类、Ⅰ类、Ⅱ类和Ⅲ类等4类。

1. 0类灯具

0类灯具是依靠基本绝缘作为防触电保护的灯具。这意味着，灯具的易触及导电部件（如有这种部件）没有连接到设施的固定线路中的保护导线，万一基本绝缘失效，就只好依靠环境了。其基本绝缘是加在带电部件上提供防止触电的基本保护的绝缘。

0类灯具既可以有一个绝缘外壳，它可以部分也可以全部基本绝缘，也可以有一个金属外壳，它至少用基本绝缘将其与带电部件隔开。假如灯具外壳为绝缘材料，内部部件接地保护，则属于Ⅰ类灯具。0类灯具可以含有双重绝缘或加强绝缘的部件。

0类灯具仅适用于普通灯具。

2. Ⅰ类灯具

Ⅰ类灯具的防触电保护不仅依靠基本绝缘，还包括附加的安全措施，即把易触及导电部件连接到设施的固定线路中的保护导线上，使易触及的导电部件在基本绝缘失效时不致带电。

对于使用软缆或软线的灯具，这种预防措施的保护导线是软缆或软线的一部分。一个设计成Ⅰ类的灯具，备有二芯软缆或软线，其插头不能插入有接地的插座，那么这种保护相当于0类。但是，灯具在所有其他方面的接地措施应完全符合Ⅰ类灯具的要求。Ⅰ类灯具可以有双重绝缘或加强绝缘的部件。

3. Ⅱ类灯具

Ⅱ类灯具防触电保护不仅依靠基本绝缘，而且具有附加绝缘的安全措施，例如双重绝缘或加强绝缘，但没有接地或依赖安装条件的保护措施。双重绝缘是由基本绝缘加上补充绝缘而组成的绝缘。补充绝缘是当基本绝缘失效之后为防止触电而提供的独立绝缘。加强绝缘则是应用在带电部件上的一种单一绝缘系统，它提供相当于双重绝缘的防触电保护等级。

4. Ⅲ类灯具

Ⅲ类灯具的防触电保护依靠电源电压为安全特低电压SELV（交流有效值小于50V），并且灯具中不会产生高于SELV的电压的一类灯具。Ⅲ类灯具不应提供接地保护措施。

作为生产厂家，对0类灯具应及时予以改进，以适应新标准要求。外壳主要是金属的0类灯具可以改进为Ⅰ类灯具，为灯具增加可靠的保护接地结构。外壳主要是塑料的0类灯具可以改进为Ⅱ类灯具，增加附加安全措施，例如双重绝缘或加强绝缘。

额定电压超过250V的灯具不应划为0类。在恶劣条件下使用的灯具不应划为0类。轨道安装的灯具不应划分为0类。

灯具只能属一个类别。例如，带内装式特低电压变压器并规定接地的灯具应定为Ⅰ类，即使用隔离物将光源腔与变压器箱隔开，灯具部分亦不应定为Ⅲ类。

金属外壳的道路照明灯具、投光灯具以及庭院灯具大多为Ⅰ类灯具，个别的为Ⅱ类灯具。

2.1.4 按防尘、防固体异物和防水等级分类

为了防止工具或尘土颗粒触及或沉积在灯具的带电部件上

引起触电或短路事故，也为了防止雨水进入灯具内造成危险，有很多种灯具外壳的保护方式来起到保护电气绝缘和光源的作用。不同的方式可以达到不同的效果，相对于不同的防尘、防水等级。

灯具应按 GB 4208 中规定的"IP 数字"方法进行分类。目前采用 IP 后面带两个数字来表示灯具的防尘、防水等级：IP××。第一位特征数字表示对固体异物或尘土的防护能力，第二位特征数字表示对水的防护能力，说明见表 2-3 。这两个数字之间有一定的依存关系，在表 2-4 中列出了它们之间可能的配合。

防护等级特征数字的含义 **表 2-3**

第一位数字	说明	含义	第二位数字	说明	含义
0	无防护	没有特别的保护	0	没有特别的保护	
1	防护大于 50mm 的固体异物	人手，直径大于 50mm 的固体异物	1	防滴	垂直滴水没有影响
2	防护大于 12mm 的固体异物	手指或类似物，长度不超过 80mm、直径大于 12mm 的固体异物	2	15°防滴	当外壳从正常位置倾斜不大于 15^0 以内时，垂直滴水无有害影响
3	防护大于 2.5mm 的固体异物	直径或厚度大于 2.5mm 的工具、电线，直径大于 2.5mm 的固体异物	3	防淋水	与垂直线成 60°范围内的淋水无影响
4	防护大于 1mm 的固体异物	厚度大于 1mm 的线材或条片，直径大于 1mm 的固体异物	4	防溅水平	任何方向上的溅水无有害影响

续表

第一位数字	说明	含义	第二位数字	说明	含义
5	防尘	不能完全防止灰尘进入，但进入量不能达到妨碍设备正常工作的程度	5	防喷水	任何方向上的喷水无有害影响
6	尘密	无尘埃进入	6	防猛烈海浪	经猛烈浪或猛烈喷水后进入外壳的水量不会达到有害程度
			7	防浸水	浸入规定水压的水中，经规定时间后，进入外壳的水量不会达到有害程度
			8	防潜水	能按制造厂规定的要求长期潜水

两位特征数字可能的配合　　表 2-4

可能配合的组合		第二位特征数字 0	1	2	3	4	5	6	7	8
第一位特征数字	0	IP00	IP01	IP02						
	1	IP10	IP11	IP12						
	2	IP20	IP21	IP22	IP23					
	3	IP30	IP31	IP32	IP33	IP34				
	4	IP40	IP41	IP42	IP43	IP44				
	5	IP50				IP54	IP55			
	6	IP60					IP65	IP66	IP67	IP68

2.2 灯具的构造和材料

道路照明中使用的灯具主要由电光源外壳、反射器和灯罩等构成。灯具使用的材料包括金属件、塑料件和玻璃件等。

2.2.1 灯具的构造

灯具的构造必须在机械强度、电气绝缘性能和抗腐蚀性能等方面达到国际电工委员会（IEC）的要求，以及达到我国国家标准《灯具一般安全要求与试验》GB7000.1—1996、GB7000.5—1996及《道路与街路照明灯具的要求》GB7000.5—2005、《投光灯具安全要求》GB7000.7—1996的规定。

城市道路照明中所采用的道路灯具或投光灯具，除了电光源和电器之外，主要由外壳、反射配光系统、密封件、透明灯罩和固定件组成。

1. 外壳

传统灯具外壳一般采用钢板、铝板或增强塑料制成。目前，灯具在向一体化方向发展。压铸铝合金灯具壳体和挤压铝合金灯具壳体的出现，以及表面静电喷塑工艺的采用，从根本上改变了传统灯具外壳的不足，使灯具表面光滑，机械性能提高，耐腐蚀性增强，重量减轻，同时提高了灯具的外观质量和密封性。

压铸铝合金灯具壳体是将铝合金熔融，高温高压下在模具中整体高速成型。挤压铝合金灯具壳体是将铝合金加热到一定温度，在挤压筒中高压成型。

2. 反射配光系统

反射配光系统的作用是实现宽光带，包括照射角宽，照射范围广，发光效应和光源效率高。有的灯具还采用二次配光技术，即将光通过反光器反射到玻璃罩上，再将光线通过玻璃罩上的配光条纹进行再配光，将光线尽可能照射到路面。

灯具反射器选用的材料对反射配光系统作用很大，灯具反射器应选用高反射率的材料，例如，选用高纯铝材料或不锈钢材料，表面进行抛光或镀铬处理，使其反射率提高。此外，还要提高灯具的光通维持率，采取有效的防护措施，使其防尘、防水的防护等级达到IP65 。

3. 密封件

灯具的密封材料关系到灯具的防尘、防水，直接影响灯具的使用。密封件包括硅橡胶密封圈及密封胶。硅橡胶是一种理想的密封材料，它具有耐高温、抗老化、透气性强的优点，将逐步取代普通橡胶。

4. 灯罩

灯具的透明灯罩一般采用钢化玻璃罩或有机玻璃罩。目前已经开发出涂有光催化膜的照明灯具。这种灯具是在灯具的玻璃罩上涂敷氧化钛光介质催化膜，利用由光源发出的微量紫外线催化效果，对玻璃上的污秽进行分解清除。

5. 固定件

传统的灯具大多用钢板焊接或用螺纹连接成型，密封性差，锈蚀严重，影响灯具的照明质量和使用寿命。目前，在灯具的安装方面，可以采用一种特殊的紧固安装方式。这种方式不需要在灯具壳体上打孔就可以固定灯具，安装底座时可以横向、纵向、上下随意调节，并可以任意调节灯具的安装角度，保证投光角度满足设计要求及实际配光需要。

前开门锁扣式结构灯具也正在逐步取代常用的侧端双开门式结构灯具，既方便开启，又便于拆卸和维护。

高压钠灯在道路照明中得到了广泛的应用。例如，飞利浦公司生产的高压钠灯灯具有 SPP165、SPP166、SPP180、SPP185、SPP186 等型号，其中，电光源分别为 70W、150W、250W 高压钠灯，玻璃为 GB（曲面），灯具的光源腔体防尘防水等级达到 IP65，灯具的壳体与电器腔防尘防水等级达到 IP43。只有 SPP186 的灯具可以实现调光。

灯具一般又分为灯室和点灯附件室。灯室内有电光源、灯头、反光器，点灯附件室内安装镇流器、触发器和补偿电容等。

2.2.2 灯具的材料

灯具使用的主要材料有金属材料、塑料材料和玻璃材料。

1. 金属材料

(1) 钢板

冷轧钢板强度高，具有良好的加工性能。表面处理钢板使用比较广泛，如镀锌钢板、镀铝钢板、镀铜钢板等。这类材料主要用于灯具外壳制造。

(2) 铝材

铝材的质地较轻，作为构造材料，可以降低重量，便于运输和安装。铝材易于加工，适合冲压、旋压、模压、挤压成型等多种加工方法。铝材外形美观，表面为银白色，也能形成无色透明的氧化薄膜，持久性好，可进行着色氧化铝薄膜处理，也可进行油漆处理。铝材导热导电性能良好，铝为63（铜为100，铁为16），热传导能力高，铝为0.52（铜为0.93，铁为0.17），可以用于大功率、高光通输出灯具中散热部分的材料。铝材具有良好的光和热反射性。它对白光的反射率一般为67%～82%，高纯铝经电镀抛光后反射率更高；同时，铝又具有热反射率高的特点，非常适合于制作灯具反射器。因此，铝材既可用作灯具壳体制造，又是制作反光器的主要材料。

2. 塑料材料

在灯具制造中使用的塑料主要有聚苯乙烯树脂、丙烯酸树脂、聚乙烯树脂和增强塑料。

(1) 聚苯乙烯树脂

聚苯乙烯树脂具有良好的成型性和透明性，可用来制作透光罩。但其耐冲击性差，受紫外线照射后容易变黄。

(2) 丙烯酸树脂

丙烯酸树脂具有良好的透明度，适于用作室外灯具的棱镜球型灯罩和透光罩，在使用中由于应力和热应力的增加，会出现裂缝、裂纹的情况，所以应该避免镶嵌成型或用自攻螺钉固定。

(3) 聚乙烯树脂

聚乙烯树脂用于乳白球形灯罩等室内照明灯具的透光材料，它与聚苯烯树脂具有相似的特性和用途，可与很多零件面结合整体成型。

(4) 增强塑料

增强塑料是用玻璃纤维作为增强剂的不饱和聚烯树脂材料，具有良好的机械性能，还可以在不加热或不加压的情况下成型。它具有良好的耐水性、耐酸性、耐热性，很适合用作道路照明灯具的外壳材料。

3. 玻璃材料

在灯具制造中使用的玻璃材料主要是钠钙玻璃、硼硅酸玻璃和结晶玻璃。

(1) 钠钙玻璃

钠钙玻璃是一种普通类型的玻璃，包括有普通平板玻璃、磨砂玻璃、压花玻璃、钢化玻璃等，它可以用来制作成透明的或乳白球形的玻璃罩；钢化玻璃的机械强度和热强度很高，碎片呈钝角颗粒状，破碎后可以减少伤人的危险，钢化玻璃是道路照明灯具和投光灯具中透光罩的常用材料。

(2) 硼硅酸玻璃

硼硅酸玻璃是一种硬质玻璃，其热膨胀系数小，因而有良好的耐热性，可用作道路照明灯具高温部分的玻璃罩。

(3) 结晶玻璃

结晶玻璃的热膨胀系数大致为0，耐受热冲击能力非常强，加热至800°C的高温后，将其投入到0°C的水中，也不会导致其破裂。其持续使用时的安全温度大约为700°C，可以用来制作金属卤化物投光灯前面的透光罩。

常用灯具材料的反射系数、透射系数、吸收系数的数据见表2-5。

灯具中常用材料的反射系数、透射系数、吸收系数　　表 2-5

材料类型	材料名称	厚度（mm）	材料光学性质（%）		
			反射系数 ρ	透射系数 τ	吸收系数 α
金属	普通铝板（抛光）		71 ~ 76		24 ~ 29
	高纯度铝板（电化抛光）		84 ~ 86		14 ~ 16
	铝表面喷砂处理		70 ~ 80		20 ~ 30
	不锈钢板		55 ~ 60		40 ~ 45
	镀汞玻璃镜面		83		17
玻璃	普通透明玻璃	3 ~ 6		84 ~ 90	
	磨砂玻璃	3		75	
	磨砂玻璃	6		68	
	乳白玻璃	1.5		64	
	钢化玻璃	6		85	
	棱镜玻璃	6		85	
塑料	有机玻璃	2 ~ 6		91 ~ 92	
	聚氯乙烯			75 ~ 83	
	聚苯乙烯			75 ~ 83	
	聚碳酸酯			74 ~ 81	
	玻璃钢（本色）			85	

注：1. 透射系数 τ 的测试条件是垂直入射，扩散吸收。

2. 反射系数 ρ 的测试条件是 45°入射，扩散吸收。

4. 灯具反射器的材料

使用最广泛的灯具反射器材料是铝，除了铝材之外，还有其他一些材料可以用来制作反光器，在表 2-6 中列出了一些可制作反光器的材料或经过不同的加工工艺处理的材料的光学特性。

灯具反射器材料的光学性质　　表 2-6

材料	光洁度	扩散反射率（%）	镜面反射率（%）	透射率（%）	折射指数	临界角（°）
铝工业板	阳极氧化、抛光	0	70			
高纯度铝	阳极氧化、抛光	0	80			
镀铝玻璃或塑料	镜面	0	94			
铬	薄金属板	0	65			
不锈钢	抛光		60			
钢	白色涂料、粗糙	7.5 以上	5			
燧石玻璃	抛光	0	8	92	1.62	38
钠玻璃	抛光	0	8	92	1.52	41
透明聚苯	抛光	0	8	92	1.49	42
透光聚苯	抛光	10～15	4	50～80		
聚苯乙烯	抛光	0	8	92	1.65	39
聚氯乙烯	抛光	0	8	88	1.52	41
聚碳酸酯	抛光	0	8	88	1.58	30
乙酸纤维	抛光	0	8	85	1.47	43

注：1. 镜面反射率和透射率均是指垂直入射时。

2. 在材料一列中，燧石玻璃及以下的材料均为厚3mm。

2.3　灯具的光学特性

每一种道路照明灯具都有其独特的光学性能。灯具的光学特性主要是指光强的空间分布特性（配光特性）、光的衰减（利用系数）和光学效率等，这些参数一般由制造厂测试后提供给用户，作为照明计算及选择和布置灯具的重要依据。

评价灯具的光学性能时，灯具效率与所配合使用的灯具中的反射器效率密切相关。而反射器效率取决于反射器的设计形状、材料特性、生产工艺等，更要能与光源精密配合。

2.3.1 配光特性

光源本身有配光，当光源装入灯具后，由于灯具的作用，光源原先的光强分布将会发生变化，成为灯具的配光，其配光用光强的空间分布特性来表示。光强的空间分布特性因光源或灯具的形状和尺寸不同而千差万别。在实际应用中，为了便于了解不同灯具光强分布的概貌，通常采用曲线、表格或公式等方法表示灯具光强的空间分布情况，并把这些方法表示的光强分布统称为灯具的配光特性。

1. 配光曲线表示方法

一般有三种方法用来表示配光曲线：极坐标方法、直角坐标方法、等光强曲线方法。

（1）极坐标配光曲线

在通过光源中心的测光平面上，测量出灯具在不同角度的光强值。从某一个给定的方向起，以角度为函数，将各个角度的光强用矢量标注出来，然后用一条曲线将矢量顶端连接起来，这就是灯具光强分布的极坐标配光曲线。对于有旋转对称轴的灯具来说，在与轴线垂直的平面上各个方向的光强值相等，只需要通过轴线的一个测光面上的光强分布曲线就能说明其光强在空间的分布。如果灯具在空间中光分布是不对称的，则需要若干个测光平面的光强分布曲线来说明其空间分布，道路照明灯具就是这种情况。

为了便于比较不同灯具的配光特性，通常将光源转化为1000lm 光通量的假想光源来绘制光强分布曲线。当光源不是1000lm 时，可用公式来进行换算。

（2）直角坐标配光曲线

某些窄光束投光灯的光束集中于狭小立体角的灯具内，用极坐标来表达其配光曲线很难表达清楚。此时，可以采用直角坐标的表达方式，以坐标的纵轴表示光强，以坐标的横轴表示光束的投射角，这样绘制的曲线就是直角坐标配光曲线。

(3) 等光强曲线图

具有非对称配光的灯具需要在许多个平面上的配光曲线才能表示其光强在空间的分布，这给使用造成了不便。另外，在阅读这些曲线图时会感觉不够清晰、简明，不容易找出各个平面上曲线之间的关系，这时，可以采用等光强图的方式来表示。

为了正确表示发光体在空间上的光分布，可以设想把它置于一个球体的中心上，这个球体的外表面标有类似于地球上经度线和纬度线的网格线，球体的半径与置于球心的发光体的尺寸要满足点光源的条件。发光体射向空间的每条光线都可以用球体上的点的坐标来表示，把发光体射向球体上光强相同的各方向的点用线连接起来，成为封闭的曲线，这就是等光强曲线。

等光强曲线图的平面图形主要有两类：一类既表示球体上全部角度坐标，又要求角度坐标内的面积与球体上相应的立体角（即球体上的这部分面积）成正比，有圆形网图和正弦网图；另一类是对不需要表示全部球体坐标的，有矩形网图。其中，圆形网图采用的是一种极坐标形式，如图 2-1 所示。

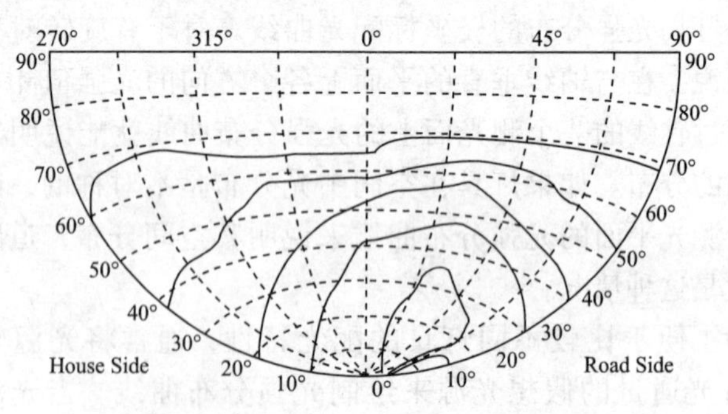

图 2-1　路灯等光强曲线在圆形网图上的表示

2. 配光灯具的选择

影响道路照明亮度最重要的因素是灯具样式及其配光曲线，而其选择应该根据道路周围的明暗程度及所处位置来决定。

（1）截光型配光灯具

位于市郊道路或周围较暗的高速路，应该采用截光型配光灯具，严禁采用非截光型配光灯具（如敞口花灯，透明圆球灯具等）。否则，光线分布不能集中在路面而扩散到空间中，降低路面亮度，增加不均匀度，严重时会产生眩光，易造成交通隐患。

（2）半截光型配光灯具

在市区街道，因周围多有建筑物，环境较亮，行车速度相对较低，可采用半截光型配光灯具，降低对眩光的控制要求，以适当提高环境的亮度。非景观道路照明特别应强调其功能性。

在道路功能性照明设计中常存在两个误区：一是，以为灯具、光源越多，照明效果好。其实多头灯具和光源满足的只是一些人的视觉感官需要，对照明质量并没有很大益处。有资料证明，在相同配光条件下，单光源400W高压钠灯和双光源250W高压钠灯提供的亮度指标是相近的。而其在安装、维护、防止眩光、节能上却有很大优点。为此，在主干道周边如无特殊要求，不提倡采用多火灯饰，特别是非截光型配光灯具提供照明。二是，以为灯具仰角越大，照明范围越大，越可以提高照明质量。然而，增大灯具仰角后，反而降低路面亮度，特别是在弯道上还会产生眩光。在条件允许的情况下，建议优先采用在道路中央分车带不设悬挑长度、不设仰角的照明。采用这种布灯方式，灯具发出的光线可垂直发散照向路面，即使在弯道上也不会直接进入驾乘人员的视野，无眩光危险，而且沿道路中心线布置又提供了很好的诱导性能，还由于无挑臂，延长了灯具、光源的使用寿命。

目前，大多数灯具生产厂家不提供道路照明灯具的配光曲线、灯具效率等资料，这就使道路照明设计增加困难，对合理节能不利。

2.3.2 导出光度数据

在描述道路照明灯具的指标中，除了作为基本光度数据的灯具光强分布之外，还有一些相应的导出数据，主要有：利用系数曲线、亮度产生曲线、等照度曲线、等亮度曲线。

1. 利用系数曲线

在道路照明中，灯具的利用系数定义为由灯具发出的、直接到达地面的那部分光通量和光源光通量之比。灯具的利用系数可用于路面平均照度的计算。

利用系数不仅和灯具本身的光学性能有关，还与路面的宽度以及灯具安装的几何条件（高度、仰角、悬挑长度）有关。

为了体现悬挑长度的影响，可以通过灯具光中心在路面上的垂直投影点作一条与路轴平行的直线，将路面分为车道侧（或路边）和人行道侧（或屋边）两部分，并分别给出这两侧的利用系数值。为了体现道路宽度和安装高度的影响，通常要提供对应于不同的道路宽度与安装高度之比的利用系数值。为了体现灯具仰角的影响，以灯具仰角作为参变量，分别给出在其他条件不变的情况下不同仰角所对应的利用系数值。

在上述三种利用系数值计算出来后，将计算结果标在直角坐标系的纵轴上，横轴分别标注道路宽度与安装高度之比或者标注灯具对两侧路缘的张角，可以得到两种不同表示方式的灯具利用系数曲线。图2-2为一种利用系数曲线图。

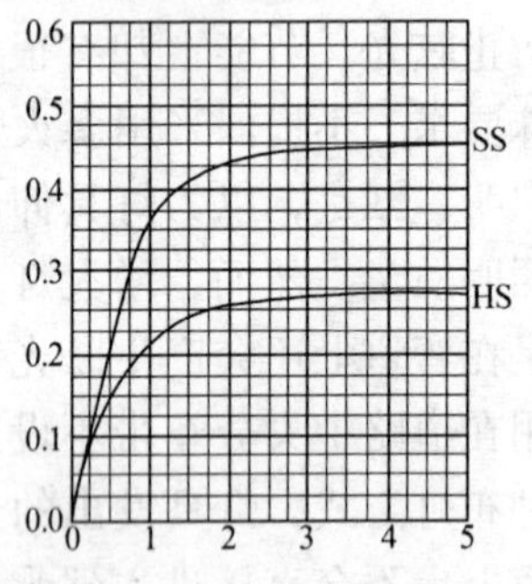

图2-2　利用系数曲线图

2. 亮度产生曲线

计算路面上的平均照度需要利用系数曲线，而计算路面上的平均亮度则需要用到亮度产生曲线。

路面上的亮度既与灯具的光强分布有关，也和路面的反光性能以及观察者的位置和观察方向有关。因此，亮度产生曲线的结构要比利用系数曲线图更复杂。不同路面采用同一种灯具和相同的安装方式时，会有不同的亮度产生曲线。对每一种灯具，通常需要给出分别适合于每种标准路面的 4 张亮度产生曲线图。

3. 等照度曲线

灯具的等照度曲线图是用灯具的光强分布数据，通过水平照度计算公式求出照度并绘制而成的，一般情况下，给出的都是灯具仰角在 0°时的等照度曲线图。

等照度曲线可在路面逐点照度计算时使用。等照度曲线也分为车道侧和人行道侧，也采用直角坐标系。直角坐标系中，横轴为以安装高度的倍数来表示的道路横向距离，纵轴则为以安装高度的倍数来表示的纵向距离。其照度值有两种表示方法：一种为灯具所产生的最大照度的百分比；另一种为直接标出照度的绝对值。

4. 等亮度曲线

等亮度曲线可用来计算路面上各点的亮度，等亮度曲线与等照度曲线有许多相似之处，因为亮度与路面的反射特性有关，每一种灯具应分别给出对应于 4 种标准路面的等亮度曲线图，一般情况下，给出的是在灯具仰角为 0°时的等亮度曲线图。

第 3 章　城市道路照明

城市道路是城市建设中最基础的部分，城市道路呈现出多样化的特点。城市道路照明所涵盖的范围也逐渐扩大，包括了一般公路、各种等级的高速路、桥梁、隧道、广场和城市景观。电气照明是一种先进的现代科技手段，如何将道路照明与城市的传统文化完美地融合在一起，是城市道路照明要解决的问题。

道路照明与城市照明进一步融合，扩大了城市道路照明的市场规模。道路照明市场将在未来几年间发展为城市照明市场。包括城市夜景照明、公共照明、商业照明、道路照明。在未来几年内，城市道路照明将成为一个引人注目的、高成长的、不断提高科技含量的巨大市场。

道路照明的主要目的是在夜晚提供良好的视觉可见度、良好的视觉环境，可以让机动车驾驶员和行人安全、方便、高效地在道路上通行。通过照明获得良好的视觉环境，使夜晚的道路像白天一样方便地为人们所使用。

3.1　道路照明

道路照明作为一种有效手段，合理的使用会产生良好的经济效益和社会效益。道路照明能降低城市夜晚的交通事故，减少人们的痛苦和经济损失；良好的道路照明还有助于提高人的安全感，有助于提高交通效率，有利于城市夜晚公共活动的开展，促进城市的运行。

安装在道路路面上方的固定式道路照明装置为道路和其周围环境提供照度，从而拓宽了视场，使整个环境在一定程度上更接近白天的状态。这一点在交通繁忙的情况下或者是视觉高度复杂的区域特别重要，因为在这种情况下，相关区域内可能会同时存在着不同类型的道路使用者，比如：机动车驾驶员、非机动车驾驶人（骑自行车的人）、行人以及车速缓慢的农业机械车辆；同时，当道路上出现急转弯的情况下，这种能为环境提供适度照明的方法也是十分必要的。

3.1.1　道路照明技术

1. 亮度作为道路照明评价指标

20 世纪 60 年代以来，道路照明在理论上有了大的突破。著名学者德波尔（De Boer）等提出了一套完整的、建立在以“亮度”作为评价标准基础上的道路照明理论。在照明技术上，多年来一直沿用以“照度”作为基本评价标准的方法。但是，照度只是在某一个面积上光的接收量，它并不反映人的眼睛看到这块面积时的实在感觉。能真正反映人的眼睛感受的，并不在于这块面积上接收了多少光，主要是看这块面积能够发射（或者反射）出多少光。这就是亮度。

由于亮度的计算、测定都比较困难，因而过去一直不能直接用在工程之中。在道路照明方面，以德波尔为代表的许多学者在这方面进行了大量的研究，终于提出了用亮度作为评价标准的基本理论，建立了从照度过渡到亮度的基本公式：

$$E = qL \tag{3-1}$$

式中　E——照度，lx；

L——亮度，cd/m^2；

q——亮度系数，与路面的反射特性有关。

这样，就可以把在道路表面上接收到的光线通过亮度系数转换成路面亮度。在此基础上建立了一套评价标准、计算方法和设计程序。这套方法已为国际照明委员会（CIE）所承认。许多国家都已采用这套以“亮度”为评价标准的体系来制订本国的道路照明标准。这一理论上的重大突破，使得道路照明设计更加合理、更加符合实际，进一步促进了道路照明技术的发展。

2. 道路照明的舒适性

道路照明的舒适性主要表现在对眩光的研究上。有两种眩光：一种是由灯和照明器直接射入司机眼中的耀眼的光线，严重的可使司机短期致盲，这就是所谓生理上的“失能眩光”；另一种是由于耀目的眩光时时出现，使司机分散注意力，烦躁、疲倦，这就是所谓的“不舒适眩光”。它们都可能导致更多的交通事故。现在人们已从设计上通过一定的标准来控制它，并已有了相当接近于实际的经验公式，使得眩光的控制更加科学和实用化。

3. 道路照明的均匀度

人们对道路照明不仅要求“亮”，而且要求“均匀地”亮。只有这样，才能使整个路面成为一个均匀明亮的背景，当道路上出现任何动的或静的障碍物时，司机能准确地发现和辨认。此外，还要控制路面的最小亮度与最大亮度之比。最大亮度一般出现在灯下，而最小亮度往往出现在两灯之间。路面上就会是一条亮带和一条暗带交替反复地出现。它使司机的视觉不断地受到亮与暗的反复刺激，其后果是暗带中出现障碍物时常常不能被发现，并使司机感到疲倦和视力下降。按照国际照明委员会的规定，这一比值应不低于0.7。

3.1.2 道路照明方式

道路照明方式一般分为常规照明、高杆照明、纵向悬索照明、栏杆照明等。

1. 常规照明

常规照明是道路照明中使用最为普遍的照明方式，又称为灯杆照明。这种照明方式采用的灯杆高度在15m以下，灯具安装高度为10～15m，每根灯杆的顶端安装1～2个道路照明灯具，灯具的布置一般有单侧布置、双侧交错布置、双侧对称布置、中心对称布置和横向悬索布置等几种形式。常规照明可以按道路的走向安排灯杆和灯具，能充分利用照明器具的光通量，有较高的光通利用率，并且有很好的视觉诱导性。

2. 高杆照明

高杆照明是将泛光灯具安装在20m以上灯杆上的照明。可以在一根灯杆上配置不同功率和配光特性的灯具，还可以根据需要增减灯杆上的灯具数量。与常规照明相比，在被照场地比较集中的场合，高杆照明可以用较少的灯杆达到比较理想的效果，避免了灯杆林立的现象，使场地整齐、干净。灯具的配置主要有平面对称式、径向对称式和非对称式几种。高杆照明方式适合于立体交叉、平面交叉、广场、停车场、货场等需要大面积照明的场所。

高杆照明的间距一般为90~100m。若布灯合适，一般可达30~50lx的水平照度，取得很好的照明效果。以色列耶路撒冷的一个三岔路口，一根40m高的高杆上装8支1000W的高压钠灯，得到42lx的平均照度，代替了原来21根12m高的普通灯杆20lx的水平照度。西班牙的加的斯港口，用了8根70m高的高杆照明，间距为280~380m。每根柱上装两层灯架，一个在顶部，一个在腰部，上面的布灯、角度都依需要而定，大体上每根柱上安装100~140支1000W的高压钠灯。这样，在40hm^{2}的大面积上，平均水平照度达到84lx。

3. 纵向悬索照明

纵向悬索照明是在道路中央的隔离带上设立灯杆，在各个灯杆之间拉上钢丝索，将灯具悬挂安装在钢丝索上对路面进行照明。一般情况下，灯杆的高度为10~20 m，灯杆间距为60~100 m，灯具安装间距为安装高度的1~2倍。这种照明方式只能用于道路有中央分车带的场所。

4. 栏杆照明

栏杆照明是指沿道路走向，在车道两侧的栏杆上或防护墙上距地面1 m左右的高度设置灯具的照明，其特点是不使用灯杆。这种照明方式只适用于道路比较窄、有1~2条车道的场合。

3.1.3 道路照明方法

城市道路照明方法一般分为机动车道路的连续照明、平面交叉路口的照明、分离式立体交叉的照明、互通式立体交叉的照明、桥梁的照明、隧道的照明、人行地下通道的照明、人行过街天桥的照明、人行横道的照明以及居住区道路的照明等。

1. 机动车道路的连续照明

对于城市机动车道路的普通路段，一般采用常规照明方式来提供照明。在进行照明设计时，应根据该道路的类型、所要求的照明等级以及道路的具体情况，选择相应的照明标准，确定灯杆高度、灯杆间距、灯具仰角、悬挑长度等参数。灯具的安装高度H、安装间距S与道路的有效宽度W_{eff}之间有一定的关系，这种关系还会因灯具类型和灯具的布置方式而变化，如表3-1所示。

灯具的配光类型、布置方式与安装高度、安装间距的参考关系

表3-1

配光类型	截光型		半截光型		非截光型	
布置方式	安装高度（m）	安装间距（m）	安装高度（m）	安装间距（m）	安装高度（m）	安装间距（m）
单侧布置	$H\geqslant W_{eff}$	$S\leqslant 3H$	$H\geqslant 1.2W_{eff}$	$S\leqslant 3.5H$	$H\geqslant 1.4W_{eff}$	$S\leqslant 4H$
交错布置	$H\geqslant 0.7W_{eff}$	$S\leqslant 3H$	$H\geqslant 0.8W_{eff}$	$S\leqslant 3.5H$	$H\geqslant 0.9W_{eff}$	$S\leqslant 4H$
对称布置	$H\geqslant 0.5W_{eff}$	$S\leqslant 3H$	$H\geqslant 0.6W_{eff}$	$S\leqslant 3.5H$	$H\geqslant 0.7W_{eff}$	$S\leqslant 4H$

机动车道路照明还要根据现场的实际情况，通过合适的手段来保证照明系统具有良好的诱导性。

2. 平面交叉路口的照明

在道路的交叉口或会合点处，应通过照明设计上的特别处理，让人们感觉到它的存在及其视觉要求。首先，要通过照明使交叉口突出出来，以达到引人注意的效果，如在交叉路口使用与其他路段不同光色的光源，改变灯具的安装高度，使用与其他路段外形不同的灯具等。其次，要在繁忙的人行横道上、没有信号灯的交叉路口及道路入口停车线前的区域创造良好的视觉度。

3. 分离式立体交叉的照明

分离式立体交叉由上跨道路和下穿道路组成，两条道路在交叉处具有不同的高度，在空间上完全分离，二者互不影响。对于小型的分离式立体交叉的照明，普遍选择常规照明方式进行路面照明，在上跨道路和下穿道路上分别设置常规照明灯具，分别照明各自对应的道路。

对于一些有较多上跨道路和下穿道路的大型分离式立交的照明，选择高杆照明的方式也是一种比较合适的方法。

4. 互通式立体交叉的照明

对于互通式立体交叉来说，它主要是由平面交叉、曲线路段、坡道、分离式立体交叉形式中的几种组成，采用常规照明方式时可根据各路段的具体情况，有针对性地进行设计，以求满足各区段特定的照明需求。同时，还要注意保持各个部分照明之间的协调，因为驾驶员是要驾驶机动车在各区段之间连续通行的。

大型互通式立体交叉采用高杆照明方式是一种合适的选择。合理地设置灯杆位置，选择配置灯具的功率、配光类型、光源数量，能有效满足立交上各个区段的相应照明要求。而且，相比于常规照明方式，高杆照明采用较少的灯杆，避免灯杆林立造成的视觉混乱现象。

3.2 景观照明

在建筑和环境景点创造出恰当的气氛，构筑出独特景观的照明称为景观照明。夜间用适当的光照明于建筑整体，既强调了建筑的形态和特有的结构，又渲染了建筑色彩，增强了建筑的艺术表现力，使建筑物在夜间也能产生同白天一样的动人效果。景观照明一般用于建筑物的立面照明以及广场、繁华街道、绿地、喷泉等场所的照明，已经成为城市文化的一大特色。

我国城市景观照明工作起步比较晚，但发展很快，规模在迅速扩大。由于城市景观照明规划的滞后，城市景观照明建设中片面追求高亮度，大功率高压气体放电灯的大量使用，对人们视觉环境产生的光干扰和光污染问题已经开始显现。这不仅浪费能源，还影响市民的娱乐、健康、交通安全。因此，景观照明规划要有绿色照明的理念，采用高效照明产品和多种照明方式，达到经济、安全、保护环境的目的。图 3-1 为太阳能景观灯。

图 3-1　太阳能景观灯（来源：百度图片）

3.2.1　城市景观照明

城市景观照明是以功能照明为基本氛围的，事实上功能照明在夜间已经形成了一定的景观效果。景观照明作为现代社会文明的一种表现形式，应与城市当前的经济水平相适应，合理规划，以显示有景的基本意思为原则。

城市景观照明的内容，一般包括道路沿线的公共广场、建筑物、商业街、园林绿化、景观雕塑、桥梁水景等的照明。应以城市片区夜景的总体规划为依据，选择能体现风格的效果方案，确定适合的照明方式。

对灯具的定位应处理好白天和夜晚的关系，要尽可能做到见光不见灯，当灯具必须外露时，应考虑到灯具的外形、色彩与环境相协调，减少对白天景观的影响。

1. 公共广场的景观照明

公共广场是良好的景观照明载体，是大众休闲娱乐的地方，城市公共广场的景观照明不仅要考虑广场本身的状况，还要结合广场周围道路、建筑、景观和绿化的特点，选用造型优美、照度适中、色彩宜人的照明电器，使灯光亮暗区域对比适当，减少眩光对环境产生的光污染，营造优美、舒适、亮丽的景观照明环境，成为城市艺术灯光的经典之作。

要控制公共广场景观照明光色的无序使用，优化绿化照明的照明方式，严格执行光色和动态照明的分区控制规划，推广新型绿色光源在景观照明中的应用。

2. 建筑物的景观照明

建筑物的景观照明主要是指立面照明，分别选择泛光照明、轮廓照明和内透光照明的方式，来反映如纪念性建筑、标志性建筑、仿古园林建筑的材料性质、时代风采、民族风格和地方特色。

在白天欣赏一幢建筑物，它是在日光或天空照射的情况下反映到观察者的眼中的。在夜晚，多半是将泛光灯装在地上，从下向上照亮建筑物的立面。因此，经过照明后所显示的建筑艺术效果和白天是很不一样的，而照明工程设计针对建筑物的不同特点，重点突出的部位，表面材料的不同颜色与质地等，巧妙布灯，采用不同光色的光源达到不同的艺术效果。例如，同是绯红色的花岗石表面，如果用金黄色的高压钠灯照射，就会呈现近乎橙色的暖色调，雍容富丽；如果用金属卤化物灯的白光去照射，就是近乎青色的冷色调，显得沉寂、遥远，不如前者亲切。

高大建筑物可以重叠布灯，使一组灯照在建筑物的下半部，另一组灯照在上半部。同时对于建筑物的凸凹部分，如阳台、线脚、凹廊、雨罩等，可视需要，或者强调它的阴影，或者设置辅助照明减弱它的阴影，使建筑物的表面效果更强烈、更生动。有些局部可兼用窄光束的强光照射。对一些近代的泛光照明有时还佐以调光设施，这样，就可以出现多重色调，效果更为丰富。

古建筑物的照明是照明工程的重大课题，具有很高的文化价值和科研价值。如何将中国古建筑独特的魅力展现于夜幕之下，是建筑物景观照明的关键。古建筑往往蕴含着浓郁、深厚的历史文化，如何将历史与文化协调统一，又成为验证景观照明成败的重要标准。

古建筑的周围如果出现很多现代的照明设备，会使人感觉不那么协调。除了要按照建筑物景观照明规划设计与建筑物匹配的灯具外，为了尽量减少裸露灯具对景观的破坏，还要对外部不具备隐蔽条件下安装的灯具采取一定的防护措施。

3. 商业街的景观照明

商业步行街是人们购物、消费的地方，商业街的景观照明要体现繁华热闹的景象，对购物者形成心理诱导，达到足够的亮度，并采用动静结合的照明方式。在以步行街为主的道路照明中，眩光问题对步行者并没有多少不利影响，相反，适当闪烁的灯光有助于产生一种生机勃勃的气势。在此类道路中，道路宽度一般较小，照明不需要大功率的光源与很高的安装位置，具有良好显色性的、较小功率的紧凑型荧光灯、金属卤化物灯和小型化的灯具尺寸应为首选，灯具风格强调具有艺术人文特色，能很好地体现当地的文化底蕴。在风格统一的前提下，注重丰富多样性，形成艺术景观。

商业街道路两侧商业发达，有多处大型购物、餐饮、娱乐场所，有足够的步行空间，机动车和非机动车的停车场，沿街店面景观照明的形式、色彩和风格要协调自然。

4. 公园景点的景观照明

公园一般由公园道路、自然景物、广场与构筑设施组成。

其中，公园道路发挥着组织空间、引导游客、连接交通和提供散步场地的作用，通过巧妙的光影设计，使夜间公园道路具有观赏性，营造适宜的气氛，增强园林的艺术感染力，创造和谐、迷人的夜景观。

公园景点的景观照明要根据这些场所的装饰、石景、柱廊等以及树木、花丛、绿地、植被等的不同特点和布局，采用地埋灯、草坪灯、庭院灯照明，以不同色彩和远近明暗的对比，映衬园林绿化的不同特色。景观雕塑的景观照明要突出重点部位，灯具安装的位置和角度要合理。既要避免雕塑各部位不适当的明暗对比，又要防止眩光影响人们的观赏。

5. 桥梁的景观照明

桥梁也是景观照明的良好载体，结合桥梁不同的造型，河流、湖泊等水面的倒影，可以营造或壮观、或繁华、或幽雅的景观照明效果。

桥梁的景观照明首先要考虑桥梁的交通功能，避免影响车辆和行人的眩光产生，其次要考虑桥梁的结构特点，充分反映其特征。

大型桥梁本身就是有特色的建筑，对其进行突出宏伟形象的泛光照明无疑是夜景照明的一个重点。与此同时，桥梁又是交通运输的通道，其照明又要满足道路功能的需要。对大型桥梁的夜景照明要功能性和装饰性并重，将两者结合起来考虑。

6. 水景照明

水景的景观照明，要综合运用声、光、电技术，对喷泉、瀑布、江河、湖泊等水面进行艺术渲染以形成夜间的水景效果。水景照明主要有瀑布照明、溪流照明等。

(1) 瀑布照明

不管是从石崖上喷流而下，还是从金属水槽或打磨平滑的石板边缘泄流而下，瀑布流入水池中溅起的水花，在夜晚都要照明来突出效果。水下投光灯最好安装在水池中瀑布流入的位置，这样既可以借助激起的水泡将灯具掩盖，又能使灯光正好照射到瀑布上，产生棱镜折射的七彩效果。

（2）溪流照明

溪流照明不宜采用水下照明方式，通常采用远距离照明技术，从树上进行月光效果照明既可以产生比较自然的效果，也不像地埋灯存在隐藏灯具的问题，还不会产生直接眩光。月光效果照明属于漫射照明，照射范围广，不会产生光斑，而且这种灯光在静止的水面上会产生银色的光辉。

（3）竖向水景照明

垂直景物都采用上射照明，可以突出流水的动态效果，像鹅卵石喷泉这类小型水景，通常是预先修建好的，基部有一个小型的蓄水池。水流滴落到蓄水池中用网格支撑着的鹅卵石、燧石或小石子上。这个装饰性的网格是隐藏防水上射灯的理想位置，灯具可以是黑色的，与石板相协调；也可以由黄铜材料制成，在水的侵蚀下变成与周围卵石相似的颜色。

2010年上海世博会开幕式上，6000只LED发光球变幻着红、橙、黄三色，从黄浦江上游的卢浦大桥顺流而下，来到江心舞台，形成一道锦绣灿烂的“水景秀”。这是我国首次出现的江河水景的景观灯。

7. 绿化照明

绿化照明是整个绿地环境夜景照明的重点。在绿化设计中要注意两个方面：一方面，整体照度不宜过高，光的控制要准确，防止对周围住宅区造成光污染；另一方面，由于植物景观色彩丰富，以能体现植物的色彩感为原则，不宜用彩色光，而以使树木绿色更鲜艳夺目的高显色性的小功率金属卤化物灯为主，以显示植物的真实色彩；常用的照明方式有泛光照明和装饰性照明。并且，灯具要小巧玲珑，紧凑，便于隐蔽，最好能做到“见光不见灯”，不破坏白天的景观。

一般对以下两大类的绿化进行重点照明：

（1）有选择地对观赏性比较强的树木花卉进行重点照明，主要是香樟、松树等常绿树种和银杏、玉兰等季节性观赏植物。

要将整个树体都照亮不太可能，也没有必要，因此要采用一定的艺术手法，来体现树木的夜间魅力。例如，单株植树可用小型地埋灯，描绘树体轮廓，然后再结合数个不同方向且强度不同的泛光灯，从不同的角度照射树干，形成一棵层次丰富的"光树"，别有韵味。

（2）对特殊种植方式的绿地进行重点照明，如由乔、灌、草、花组合形成的前后错落、高低起伏的植物群。首先要根据光环境总体构思，选择适当的照明点，其次是分析植物群落的组成，选择对植物群落的林缘线和林冠线起关键作用的树木，并根据其形态及高度，确定照明方式和灯具。例如，可选择中功率泛光灯，照亮植物群落的背景树木，前景采用暗调处理，明暗对比，呈现美丽的剪影。在选择光色时，可根据不同的艺术要求，选择不同光色的光源，以能更好地体现花色、叶色为原则，营造冷暖不同的艺术效果。

草地照明设计中，作为绿地灯光环境的底色，照明设计应简洁明快，以能更好地衬托主要景观为原则。光源要求小功率，对光源的选择性要求并不高。灯具的布置可以用低矮的草坪灯或泛光灯沿绿地周边均匀布置，也可以结合绿地中的花丛、树丛，三五成群的布置。

3.2.2 景观照明灯具

景观照明是指利用各种各样的灯具对如建筑物外轮廓、广场、公园、小区及各种旅游景区等景观进行照明，以达到美化环境、渲染气氛的效果。它与道路照明不同，道路照明是一种功能照明，以照明为主，强调合理的亮度，不能一味追求美观却忽视安全和透雾性；而景观照明则在满足安全性的前提下，侧重于对环境的美化作用，使人们在夜晚也能够享受到美好的景观。

选择灯具要求从景观效果的整体上考虑，要将选用的灯具纳入到环境中，使灯具的选择配置与总体布局及环境质量密切关联，最终达到环境整体性的统一，给人强烈的空间感染力。

其中，可选择的灯具种类也较多，主要有高杆灯、庭院灯、草坪灯、泛光灯、地埋灯等。

1. 高杆灯

国际照明委员会认为，高度在18m以上为高杆照明，而高杆灯主要是在大型广场照明中使用的。根据杆体的形式分为固定式、升降式和倾倒式三种。

(1) 固定式：固定式高杆灯初期投资少，但维护时需要使用高空升降机，维护成本高。

(2) 升降式：升降式高杆灯初期投资较高，维护方便，总体成本低。一般情况下采用的是升降式高杆灯照明。其光源采用的是400W及以上的高效型高压钠灯或金属卤化物灯。

(3) 倾倒式：倾倒式高杆灯初期投资高，仅用于有足够倾倒空间的场合。

在布置灯具时首先考虑功能作用，在满足功能的前提下再满足美观要求。高杆灯的款式有蘑菇形、球形、荷花形、伸臂式、框架式及单排照明等，其结构紧凑，整体刚性好，组装维护和更换灯泡方便，配光合理，眩光控制好，照明范围高达$30000m^2$。

2. 庭院灯

庭院灯一般放置在公园、街心花园、小区、学校及一些相关的地方，在起到照明作用的同时又要达到景观的效果，可使用多种式样，如古典式、简洁式等。庭院灯有的安装在草坪中，有的依公园道路、树林曲折随弯设置，达到一定的艺术效果和美感。其可用的光源也有较多种类，如节能灯、金属卤化物灯、低压钠灯及LED灯等，其高度一般为3~4m。

3. 草坪灯

草坪灯主要用于公园、广场、小区、学校及一些相关地方周边的饰景照明，创造夜间景色。它是由亮度对比表现光的协调，而不是照度值本身，最好利用明暗对比显示出深远来。另外，还有些采用POLY材料制作的仿石及各种类型的草坪灯，特别适合用于广场休闲游乐场所、绿化带等地方。草坪灯采用的光源一般是节能灯。

4. 泛光灯

泛光灯用于大面积照明，常用于广场的雕塑、周边建筑等的照明。泛光灯适应能力强，同时具备良好的密封性能，可防止水分凝结于灯内，经久耐用。一般采用的是金属卤化物灯或高压钠灯。

5. 地埋灯

地埋灯可用于广场及其广场道路的铺装、雕塑及树木等处照明，其造型比较多，有向上发光的，有向四周发光的，也有只向两边发光的，可用于不同的地方。由于地埋灯埋设在地下或水下，维修起来比较麻烦，要求密封效果特别好，也要避免水分凝结于灯具内，属于加压水密封型灯具。其光源一般采用金属卤化物灯及 LED 灯。

6. 水下灯

水下灯主要用于水池及各种喷泉等的景观照明，突出水景在晚上的景观效果。以压力水密封型设计，最大浸深可达水下 10m，除了有防水功能外，也要避免水分凝结于内部，并且要耐腐蚀等，确保产品可靠、耐用。其光源主要采用 LED 光源，要求有防漏电功能。

7. 壁灯

壁灯是安装在各种墙壁及台阶上的灯具，一般采用节能灯。

8. 装饰造型灯

装饰造型灯具的种类多样，一般有电子礼花灯及各种造型灯光雕塑，如年年有余、龙腾等。可采用各种光源，如金属卤化物灯、LED 灯等。

3.2.3 景观照明电光源

景观照明追求的主要不是亮度，而是艺术的创意设计，景观照明光源和灯具类型的选择要充分考虑美观，因此在景观照明设计中如何根据被照射对象表面材料的质地合理使用彩色光，对表现被照体特征、造成某种气氛、提高照明效果都是很重要的。由于景观照明灯具大都安装在室外，因此选用的灯具还要综合考虑防水、耐腐蚀、可靠、耐用等性能。

景观照明不需要那么高的照度和亮度，只要营造一个照明的特色就可以了，因此设计时还要兼顾节能。景观照明节电也是建设节约型社会中的重要一环，要按照《城市夜景照明设计规范》JGJ/T163—2008 的规定，严禁在景观照明使用强力探照灯、大功率泛光灯、大面积霓虹灯、彩泡等高亮度、高能耗灯具。要求根据景观元素的要点、照明载体的形体特征、材质特性、艺术特点等选择科学合理的照明方法，合理使用高效节电照明技术和方法。因此，景观照明设计中选择灯具时，应该选用发光效率高的节能光源、灯具和辅助设备，推广采用金属卤化物灯、高压钠灯、细管荧光灯及 LED 灯等。充分利用自然光，采用有效的配电方案及控制方式等，例如可以把公园平日与节日照明分别控制，以便于合理维护和管理照明设施，将照明能耗减少到最低限度。各种灯具选用节能型镇流器等辅助设备，并对每套灯具进行合理的无功补偿，以减少整个线路的电能损失。

目前在夜景照明工程中广泛应用荧光灯、金属卤化物灯、高压钠灯、霓虹灯、LED 灯和太阳能灯等各类光源。

1. 新型霓虹灯

新型霓虹灯包括变色霓虹灯、无极霓虹灯、EL 薄膜霓虹灯和 LED 柔性霓虹灯等。

（1）变色霓虹灯

变色霓虹灯在灯管内充入两种或两种以上颜色的气体，灯管外设置一个能改变灯内气体激发状态的电极，这种用聚乙烯导电薄膜制成的变色电极紧贴在长 1 m、直径为 12 mm 的玻璃管的 1/3 处。或以螺旋状缠贴在整个灯管上。通电后霓虹灯管就能同时或交替出现两种或两种以上的色彩，装饰效果甚佳。

（2）无极霓虹灯

在无电极的密封灯管内充入惰性气体、汞等工作气体。灯管外包裹一定面积、一定形状的导电体，制成无极霓虹灯。导电体材料有铜箔、石墨层、金镀层、氧化铟锡导电层、导电布等。在灯管外导电体上用电子点灯电路驱动，使无极霓虹灯工作。这种霓虹灯效率高、寿命长、噪声小、发光柔和、控制容易。

(3) EL薄膜霓虹灯

电致发光（EL-Electro Luminescence）材料在几伏、几十伏电压作用下可发出红、绿、蓝三种基色光。早期使用无机材料ZnS掺杂稀土元素离子发光作EL材料，近年来采用铝喹啉络合物有机发光材料作EL材料，使电致发光性能有了很大的进展。例如用8-羟基喹啉铝发光材料制成的EL薄膜发光器件，用小于10V的直流电压驱动EL薄膜时，发光亮度可达1000 cd/m^2、光效可达1.5lm/W。EL材料可采用喷涂、刷涂、丝网漏印技术制成薄膜图案，基板材料既可采用玻璃硬板，也可采用塑料软片。EL霓虹灯的文字图案既可绘制成形，也可弯制成形。这种灯的色彩、形状将更加丰富多彩。

(4) LED柔性霓虹灯

近年来，中国等十几个国家推出了LED柔性霓虹灯（中国发明专利号为529728XQ00879649711）。LED柔性霓虹灯具有高亮度、低能耗、柔性灵活、使用寿命长等特点，适合运输，安装简单，耗电只有玻璃霓虹灯的1/10，可替代传统玻璃霓虹灯。

2. LED灯

我国已生产出草坪灯、庭院灯、地埋灯、轮廓灯、射灯、景观灯、投光灯、水下灯等成套LED灯，有的如草坪灯、庭院灯已批量出口。在应用方面，除了用于交通信号、显示屏等领域外，还向装饰、夜景照明、汽车、医疗、儿童玩具等领域发展。例如在西安一大型仿古公园内，仿唐建筑物的四角尖亭上采用了LED灯，在其莲花顶座上装了1W110°及15°LED灯各8个，将莲花叶的丰腴及层次感表现得淋漓尽致；又在瓦砾沟安装 500 个 1 W 45°、15°LED 灯，将整个瓦面照亮，显示出了其层次及立体感等。这些灯因为小巧，白天基本看不到它的存在，不至于破坏古建筑在白天呈现的美感，而到夜晚，却表现出五彩缤纷、古色古香、韵味十足。

3. 太阳能灯

我国已有用于夜间景观照明的太阳能灯、太阳能草坪灯、太阳能庭院灯。太阳能灯要进一步完善技术，提高光电池光效，降低成本，消除电池污染，以得到更广泛的应用。

3.2.4 夜景照明实例

以国家体育场夜景照明为例，展示景观照明的应用。

国家体育场夜景照明效果分为三大部分：一是核心筒外墙和观众看台背墙的红色墙面部分，用红光投射照亮；二是外立面钢架结构的内侧及左右两侧形成的 U 形面，用白光投射照亮，外立面形成剪影效果；三是屋顶上下膜结构及之间的钢架结构，也由白光投射照亮。所有部位选用的照明形式都是较为稳定的投光照明，整体方案实现了简约化，增强了可实施性，实现了绿色照明的目标。另外，对同一效果不同的实现方式的设计也是重要的环节之一，比如在对外层钢结构进行投光照明的方案中，曾提出了使用荧光灯安装于边梁之上向上投射的方案，立面整体均匀度会相对提高，但灯具数量与用电量会非常大，安装和维护的成本也相应提高，因此这一方案不是最优。最终选择了 250W 和 400W 的金属卤化物灯、高压钠灯进行钢架的投光照明。

中国红是国家体育场最具吸引力的照明主题之一，由红光、白光、黄光按照 4:3:3 的比例进行调配，使得墙体表现为暖色调红光，喜庆祥和而具有浓郁的中国特色，通过控制系统还可以在纯红与橘红之间无级渐变，色调的冷暖与现场的灯光环境相互呼应融合，又形成适当的对比，用 LED 灯进行红色效果的表现堪称最佳效果。选用了 cree 的芯片，进行灯具研发。通过慎密的设计和严格的制造工艺控制来解决灯具散热问题，确保芯片光效能够得到有效发挥，经过测试，灯具功率为60W，灯具的效率达到63 % ，最大光强达到2580cd。

投光灯具是安装在核心筒周边护栏的外侧面边梁上、斜向上投射的。由于不同层的边梁形状不同，上下错落，所以首先要避开灯具投射到上层的底面，仅此一条要求可以装灯的位置就已经大大减少；边梁至外层钢结构的外边缘距离又有 10 ~ 20m 不等，钢结构数量疏密不等，疏处无载体可照，密处需要减小灯具功率从不同方向进行补光。多种因素综合考虑，每种灯具逐个调整，宽配光与窄配光互相补充，使得立面整体有了较好的均匀度。所有灯具光束角覆盖范围合理分布相互补充，尽量降低了光效的损失，也把使用灯具的数量控制在了最合理的范围之内。在这种复杂场合的投光照明项目中，采用放射状格栅横向布置的方式进行防眩光处理，在减少光效下降和控制眩光的权衡之间取得了较为满意的效果。国家体育场内层结构最丰富的空间得到了充分的展示，外层钢结构在这些元素的映衬下，展现出特有的剪影效果。

国家体育场夜景照明如图 3-2 所示。

图 3-2　国家体育场夜景照明图（图片来源：LED 照明网）

3.3 广告照明

户外广告是指在露天或室外的公共场所向消费者传递信息的广告物体，它是一种典型的城市广告形式，是城市夜景的重要组成部分。近几年来，国内城市夜景的规划与建设成为展现城市形象的重要手段，户外广告起着传播信息、提升经济作用的同时，户外广告照明也成为影响城市夜景的重要因素。在城市的夜晚，一个好的广告照明以其生动、明亮和绚丽多彩营造出浓浓的商业繁华的同时，也美化亮化了我们的生活环境。

3.3.1 广告照明的分类

户外商业广告按照不同的方式可以有很多种划分。如果以照明方式来分，有投光照明广告、内照式广告、霓虹灯广告、大屏幕电视以及混合照明广告等。

1. 投光式广告

投光式广告通过安装在广告牌上或附近的投光灯对广告牌进行照明，在晚上突出广告的画面和文字以表达出广告的主题。投光照明广告包括悬幕式、多面翻、立体模型等形式。目前比较普遍的是悬幕式投光照明广告。这种形式的照明广告施工方便、造价低廉、宣传效果明显，因此被广泛的使用。

投光灯广告灯具采用的照射方式主要有下方照射、上方照射、上照加下照三种情况。投光灯广告采用上照式比较易于安装。但是采取下照式是比较合理的照射方式，它可以避免由于灯具安装角度不合适或者由于光源亮度过高投向天空产生眩光或光的溢散，但应注意的是采用下照式应避免光线进入到人的视野范围内。

2. 内照式广告

内照式广告一般为箱式广告，箱面采用丙烯树脂、PC 板、磨砂玻璃等半透明材料，内置发光灯管，照明灯具不能直接看到，白昼效果也比较美观。

3. 霓虹灯广告

霓虹灯广告以霓虹灯作为广告装饰光源。霓虹灯管构成的文字图案，通过灯管发出不同的颜色经控制系统对光源的控制以闪烁、变幻出各种效果。

4. 混合照明广告

混合照明广告中使用了光纤、导光管、全息图、显示屏等新材料，是新技术在广告照明中的应用。

3.3.2 广告照明光源和灯具

广告照明要考虑商业广告标志、门头字号设置的综合效果，使白天的广告图案和晚上的广告照明都成为美景，形成高低错落、动静结合、霓虹变幻、赏心悦目的照明效果。图 3-3 为太阳能广告灯。

图 3-3 太阳能广告灯

1. 广告投光照明光源种类的选用

由于广告牌本身就有符合其推介商品特点的构图、颜色等。所以投光光源主要根据其光色特性来选取，切忌情绪化，不要采用五光十色、花花绿绿的手法布光反而使广告本身失去艺术感染力。

广告照明的光色是指光源的色温和显色性。色温让观察者感觉温暖和清冷。当色温在 3000K 以下时，光色开始有偏红的现象，给人温暖的感觉，色温超过 5000K 时，颜色偏向蓝色，给人冷的感觉。为此，在夏季或亚热带地区偏向采用 4000K 以上色温光源，而冬季或寒带地区采用 4000K 以下的色温光源。

光源色温迎合公众的喜好将使广告取得引人注目的效果。

2. 广告投光照明灯具的选用

广告牌是公共场所和交通要道的常见媒体，其照明灯具的选用应根据广告牌的材料、反射和周围环境亮度条件而定。

相同光通量的照明灯光投射到不同质地的广告牌载体上所产生的亮度是不同的，不同配光曲线的灯具营造的广告氛围也大相径庭。常用投光灯具按配光光束角分为：狭光束的高光强灯具，宽光束、扩散角不小于10°的泛光灯具和光束角小于10°、光束近于平行光的探照灯具。而按灯具配光又有对称和非对称之分，根据反射板的不同还有高幅、宽幅的区别。由于光束角越大光效越高，因而近距离广告投光照明应尽可能采用宽光束对称配光的泛光灯具，但对于远距离、超高的广告牌则应选用中（狭）光束灯具。同时，还应根据广告牌的高宽比及灯具安装位置具体选用高幅、宽幅灯具。

3.3.3 广告照明的亮度

1. 广告亮度标准

城市商业区的街道两侧都设置有大量的广告招牌、灯箱、指示标志等。一般情况下，在夜晚都要为它们配上照明，这些广告标志在夜晚时分亮起来之后，强化了街道界面的围合效果，提高了空间亮度，营造了热闹的气氛，并具有一定的导向定位作用。但是，广告标志一般有大尺寸、高亮度、色彩鲜艳、图案夸张以及动态变化的特点，因此，如果不对它们进行统一规划及进行各种指标参数的限制，势必造成严重的视觉混乱。

目前，对关于广告标志照明的要求主要是控制它的亮度，遵照《城市夜景照明设计规范》JGJ/T1652008 的有关规范进行设计。有关研究成果提出针对不同安装位置上的广告标志表面亮度的控制标准见表3-2 。

2. 城市广告亮度调研

研究人员通过对天津市区三个有代表性区域：一个是繁华商业街区，一个是一般商业街区，一个是行政办公区的不同照明

广告灯箱表面的亮度标准　　表 3-2

广告灯箱表面亮度（cd/m^2）	广告灯箱安装位置及场所
70～350	建筑立面上、围墙上
250～500	商业中心建筑物墙面上
450～700	低亮度地段（暗背景的情况）
700～1000	一般商业广告灯箱、加油站的标志灯箱
1000～1400	高层建筑顶上、闹市街区
1400～1700	重要交通枢纽场所

方式的广告数量和照明面积的方面的调研发现，在天津市区目前户外商业广告中，在数量上主要以内照式、投光灯和少量的霓虹灯广告为主。虽然内照式广告在数量上占有多数，但经过实际统计，投光广告在广告总面积上远大于内照式广告。所以，选择市区户外商业广告中的投光照明广告为主要研究对象。

测量时间选择在 2005 年 6 月至 9 月期间，天气晴好，温度和湿度适中，大气能见度较高，非节假日的普通日期进行实地测量。测量仪器为 BM-7 亮度计、数码相机。测量的数据主要有广告画面的亮度、光源的形式、光色；灯具有无遮光罩、灯具的照射方向等。

这次调研中，测量了大量广告亮度，为了便于比较，把这些数据按其所属地段进行统计分析。

（1）繁华商业街区

1）繁华商业街区投光广告亮度

在这个地段里，测量了许多投光广告的亮度值，因为其灯具的照射方式采用的主要是上照式或下照式。表 3-3 为测得广告画面亮度最高值和平均值。

从表 3-3 中可以发现，在高层建筑上方的广告牌亮度最高，其次是购物中心围墙上，这主要是因为广告亮度可以使广告能引起更多人的注意。但部分广告亮度过高，超过 1000cd/m^2。

繁华商业街区亮度最大值和平均值统计（cd/m^2）　　表 3-3

广告具体位置	最大亮度值	平均亮度值
建筑物正立面和围墙上	367.5	109.2
购物中心围墙上	521.3	156.8
一般商业广告	95.6	83.4
高层建筑上方	643.9	201.7

2）繁华商业街区广告表面亮度与背景亮度比值

根据国内外研究成果，广告亮度应该是背景亮度的 5 ~ 10 倍。背景亮度主要指街道亮度。在这个地段测得的背景亮度随着周围环境的变化有所不同。如果建筑墙面泛光照明，则背景亮度高些，本次测得的最高值为 $25cd/m^2$；背景亮度最低值不到 $10cd/m^2$，背景亮度的平均值为 $17cd/m^2$。考虑这个地段是繁华的商业街区，广告亮度背景亮度取到背景亮度的 10 倍，经计算统计，在该地段广告亮度与背景亮度比值大于 10 倍的比值为 11%，产生眩光。

（2）一般商业街区

1）一般商业街区投光广告表面亮度

一般商业街区投光广告亮度最大值和平均值统计见表 3-4。

一般商业街区投光广告亮度最大值和平均值统计（cd/m^2）　　表 3-4

广告具体位置	最大亮度值	平均亮度值
建筑物正立面和围墙上	354.7	98.1
购物中心围墙上	362.8	149.5
一般商业广告	474.9	163.2
重要交通枢纽区域	618.6	205.3

2）一般商业街区投光广告表面亮度与背景亮度比值

在这个地段测得的背景亮度最高值约为 $22cd/m^2$，背景亮度最低值约为6cd/m^2，背景亮度的平均值约为14cd/m^2。考虑这个地段也是商业街区，广告亮度背景亮度取到背景亮度的10倍，经计算统计，有7%的投光广告亮度超过背景亮度值10倍，产生眩光。

（3）行政办公区

1）行政办公区投光广告亮度

本次调研中该地段各个不同位置的广告亮度最大值和平均值统计见表3-5。

行政办公街区亮度最大值和平均值统计（cd/m^2）　　表3-5

广告具体位置	最大亮度值	平均亮度值
建筑物正立面和围墙上	207.8	84.6
购物中心围墙上	256.4	113.9
一般商业广告	341.7	146.5

从表3-5中可以看出，行政办公区内的投光广告亮度整体不是很高，但有部分广告亮度仍很高。主要是因为，在这个地段虽然不及前两个地区繁华，但也有一些大的商业机构，其外墙上安装的投光广告亮度比较高。

2）行政办公区投光广告表面亮度与背景亮度的比值

在行政办公区测得背景亮度最高值约为11cd/m^2；背景亮度最低值约为6cd/m^2，背景亮度的平均值约为9cd/m^2。

好的广告照明不仅仅是照亮，而且照得要美，要有艺术吸引力。广告照明不是广告的主角，只是表现广告白天与晚上不同面貌的手段。白天广告在阳光下不可控制，而晚上的灯光则可以根据需要来科学而艺术地设计。通过选用科学适用的光源和配光合理的灯具，按最佳的亮度水平和亮度分布确定布灯方案，才能展示出广告的艺术构思和魅力。广告照明的光色不当反而会使优秀的广告失去其应有的风采，而若产生眩光更会影响为交通运输作业提供视觉信息的信号灯、灯光标志等的正常工作，甚至引发交通事故。

第4章　城市道路照明标准

道路照明的作用包括让道路使用者能更加容易地看清路面，看清车道的走向及道路的边界，看清道路会合处和交叉口，了解车辆自身所在位置，看清路面上其他车辆或障碍物，掌握其他车辆的动态和交通干扰情况。良好的照明能有效地促进交通畅通，并保障道路的秩序，保证道路交通安全。

道路照明标准的制定是根据人的视觉生理特点、汽车驾驶作业时的视觉要求、道路照明状况、道路形式、布局、封闭情况、交通控制状况、车速、交通流量、道路周边环境状况等因素，选择对应的照明标准指标参数，确定相应的照明数量质量级别。

不同类型的道路以及具有不同特点的交通，需要不同等级或不同性质的照明，只有进行有针对性的照明设计，才能在保证各级道路照明的要求下，有效地节约成本。

4.1　道路分类

不同类型或级别的机动车交通道路有不同的照明要求和规定，对应着相应的照明级别，为了规定各级道路的照明标准，首先要确定道路的类型和级别。

城市道路是指在城市范围内，供车辆和行人通行的、具备一定技术条件和设施的道路。根据道路使用功能，城市道路照明可分为主要供机动车使用的机动车交通道路照明和主要供非机动车与行人使用的人行道路照明两类。

4.1.1　机动车道路分类

按照道路在道路网中的地位、交通功能以及对沿线建筑物和城市居民的服务功能等，城市道路分为快速路、主干路、次干路、支路、居住区道路。

1. 快速路

快速路是城市中距离长、交通量大、为快速交通服务的道路。快速路的对向车行道之间设有中间分车带，道路进出口采用全控制或部分控制。也就是说，快速路是进行了有效分隔和控制的全封闭或半封闭道路。因此，这类道路上车流量大、车速也快，但完成驾驶作业的视觉难度并不是很高，一般情况下还要低于主干路。

在北美照明工程学会（IESNA）的照明标准中，将快速路照明标准定为低于主干路标准。在我国，情况有不同的地方，很多城市快速路并没有实行完全封闭，与城区中的其他道路还有很多连接，这就使其视觉作业难度有所增大，所以我国道路标准中将快速路和主干路的照明划归同一级。

2. 主干路

主干路是连接城市各主要分区的干路，采取机动车与非机动车分隔形式，如三幅路或四幅路。还有一些比较特殊的道路，在我国的标准中也将它们的照明等级划归为与主干路相同。例如，城市中的迎宾路、通向政府机关或大型公共建筑的主要道路、位于市中心或商业中心的道路，这些道路数量不是很多，路面不一定很宽阔，甚至交通设施也不一定像主干路那样完善，但因为它们或具有重要的作用，或代表城市的形象，或是交通流量大、交通状况特殊，因此，也有着较高的照明要求。

3. 次干路

次干路是连接城市快速路和主干路的道路，次干路与主干路相结合组成城市交通路网，起集散交通作用的道路。

4. 支路

支路是指次干路与居住区道路之间的连接道路。

5. 居住区道路

居住区道路是指居住区内的道路及主要供行人和非机动车

通行的街巷。

国际照明委员会（CIE）在制定道路照明标准时，对道路的分类是根据道路功能、交通密度、交通复杂程度、交通分隔状况及交通控制设施的配置情况等因素来进行的，每类道路的覆盖面很宽，包含了很多形式的道路，这样做的目的是为了适应不同国家不同形式道路的划分需要。不同类型道路与特定照明等级 M1、M2、M3、M4、M5 相对应，见表 4-1。

CIE 规定的不同类型道路及其对应的照明等级　　表 4-1

道路描述		照明等级
交通密度和道路布局复杂程度不同的高速路、快速路	高	M1
	中	M2
	低	M3
交通控制和不同类型道路使用者分隔状况不同的高速行驶道路、双向行驶道路	差	M1
	好	M2
交通控制和不同类型道路使用者分隔状况不同的重要的城市交通干线、辐射道路、地区级分流道路	差	M2
	好	M3
交通控制和不同类型道路使用者分隔状况不同的不太重要道路的联络路、局部分流路、居住区主要道路	差	M4
	好	M5

注：不同类型道路使用者包括汽车、货车、慢速车辆、骑自行车的人和行人。

4.1.2　道路照明标准评价指标

1. 道路照明指标

（1）路面有效宽度

路面有效宽度是指用于道路照明设计的路面理论宽度，它与道路的实际宽度、灯具的悬挑长度和灯具的布置方式等有关。当灯具采用单侧布置方式时，道路有效宽度为实际路宽减去一个悬挑长度；当灯具采用双侧（包括交错和相对）布置方式时，道路有效宽度为实际路宽减去两个悬挑长度；当灯具在双幅路中间分车带上采用中心对称布置方式时，道路有效宽度就是道路实际宽度。

(2) 诱导性

沿着道路恰当地安装灯杆、灯具，可以给驾驶员提供有关道路前方走向、线型、坡度等视觉信息，称其为照明设施的诱导性。

由于夜间司机辨认道路不如白天清楚，对于道路的走向、转弯、路口等不能一下就辨别出来。这样，排列整齐、有共同高度、有共同挑出长度，特别是沿着道路走向排列的路灯，成为辨认道路走向和会聚的重要标志。例如，在弯道处不准使用双排布灯而只能用单侧排列的路灯，同时必须装在弯道的外侧。

(3) 交会区

交会区是指道路的出入口、交叉口、人行横道等区域。在这种区域，机动车之间、机动车和非机动车及行人之间、车辆与固定物体之间的碰撞有增加的可能。

(4) 路面平均亮度

按照国际照明委员会（CIE）的有关规定，路面平均亮度是指在路面上预先设定的点上测得的或计算得到的各点亮度的平均值。

(5) 路面亮度总均匀度

路面亮度总均匀度是指路面上最小亮度与平均亮度的比值。

(6) 路面亮度纵向均匀度

路面亮度纵向均匀度是指同一条车道中心线上最小亮度与最大亮度的比值。

(7) 路面平均照度

按照CIE的有关规定，路面平均照度是指在路面上预先设定的点上测得的或计算得到的各点照度的平均值。

(8) 路面照度总均匀度

路面照度总均匀度是指路面上最小照度与平均照度的比值。

(9) 路面维持平均亮度（照度）

路面维持平均亮度（照度）即路面平均亮度（照度）维持

值。它是在计入光源更换时光通量的衰减以及灯具因污染造成效率下降等因素（即维护系数）后设计计算时所采用的平均亮度（照度）值。

（10）灯具的上射光通比

灯具的上射光通比是指灯具安装就位时，其发出的位于水平方向及以上的光通量占灯具发出的总光通量的百分比。

（11）眩光

眩光是指由于视野中的亮度分布或者亮度范围的不适宜，或存在极端的对比，以致引起不舒适感觉或降低观察目标或细部的能力的视觉现象。

（12）失能眩光

失能眩光是指降低视觉对象的可见度，但不一定产生不舒适感觉的眩光。

（13）阈值增量

阈值增量是对失能眩光的度量。表示存在眩光源时，为了达到同样看清物体的目的，在物体及其背景之间的亮度对比所需要增加的百分比。

（14）环境比

环境比是指车行道外边5m宽状区域内的平均水平照度与相邻的5m宽车行道上平均水平照度之比。

（15）（道路）照明功率密度

（道路）照明功率密度是指单位路面面积上的照明安装功率（包含镇流器功耗）。

2. 道路照明评价指标

机动车交通道路照明应以路面平均亮度（或路面平均照度）、路面亮度均匀度和纵向均匀度（或路面照度均匀度）、眩光限制、环境比和诱导性为评价指标。

人行道路照明应以路面平均照度、路面最小照度和垂直照度为评价指标。清楚辨认一个人的面孔，要求20lx以上的水平照度，并要求有较好的颜色辨认效果，这一标准适用于商业区的人行道，沿街柱廊、人行横道等处。在住宅区的人行道等处可用最低的要求，即为1lx 的水平照度，这样的照度只能看出障碍物的轮廓。

在设计道路照明时，应确保其具有良好的诱导性。

对同一级道路选定照明标准值时，应考虑城市的性质和规模，中小城市可选择标准中的低档值。

对同一级道路选定照明标准值时，交通控制系统和道路分隔设施完善的道路，宜选择标准中的低档值，反之宜选择高档值。

在我国的标准中还提出了照明节能的评价指标，即照明功率密度，它是指单位路面面积上的照明安装功率（包括镇流器的功耗）。

4.2 中国城市道路照明标准

国际照明组织在其相关标准中提出有关道路照明标准数值的建议，很多国家也会根据自身的情况提出自己的道路照明标准值。

由中国建筑科学研究院任主编单位，北京市路灯管理中心、成都市路灯管理处等八家单位为参编单位，负责修编完成的《城市道路照明设计标准》CJJ45—2006，已于2006 年12 月由建设部批准发布，并自2007 年7 月1 日起实施。

2006 年制订的标准中，亮度评价系统中的评价指标和原标准相比增加了亮度纵向均匀度，眩光控制也由原标准的规定允许采用何种配光类型的灯具改为采用阈值增量指标，此外还新增加了环境比指标。这就使得我国城市道路标准的照明评价指标和CIE 的完全相同，也就是说和国际先进标准接轨。

4.2.1 连续照明的机动车道路照明标准

在我国的道路照明标准中，对设置连续照明的机动车交通道路做了如表4-2 所示的规定。其中，$2cd/m^2$ 是当前国际照明委员会（CIE）推荐标准的最高亮度水平。即使是美国和俄罗斯的标准也没达到这个水平（美国最高亮度为1.2cd/m²，俄罗斯为1.6cd/m²）。

中国道路照明标准中机动车交通道路照明标准值　　表4-2

级别	道路照明类型	路面亮度			路面照度		眩光限制 T_{I}（%）最大初始值	环境比 S_{R} 最小值
		平均亮度 L_{av}（cd/m²）维持值	总均匀度 U_{o} 最小值	纵向均匀度 U_{L} 最小值	平均照度 E_{av}（Lx）维持值	均匀度 U_{E} 最小值		
Ⅰ	快速路、主干路、迎宾路、（通向政府机关和大型公共建筑的主要道路、市中心或商业中心的道路）	1.5/2.0	0.4	0.7	20/30	0.4	10	0.5
Ⅱ	次干路	0.75/1.0	0.4	0.5	10/15	0.35	10	0.5
Ⅲ	支路	0.5/0.75	0.4	—	8/10	0.3	15	—

注：1. 表中所列的平均照度仅适用于沥青路面。若系水泥混凝土路面，其平均照度值可相应降低约30%；

2. 表中各项数值仅适用于干燥路面；

3. 表中对每一级道路的平均亮度或平均照度给出了两档标准值，用××/××表示，“/”的左侧为低档值，右侧为高档值。

在我国的道路照明标准中，所规定的平均亮度和平均照度都是维持值，这一点与国际照明委员会CIE的规定有所区别。同样的数值在CIE的推荐标准中规定为最小维持值，也就是说，CIE要求道路照明系统在运行过程中不应低于这一数值。

亮度是指发光体在特定方向单位立体角单位面积内的光通量。照度则表示表面被照明程度的量，它是每个单位面积上受到的光通量。在我国的道路照明标准中，对同一级道路规定了两种平均亮度值和平均照度值，即所谓的低档值和高档值，其针对对象是具有不同交通流量以及不同交通控制程度的道路，并且提出，为同一级道路选定照明标准值时，应该考虑城市的规模和性质。一般情况下，中小城市可选择低档值；另外，交通控制系统完善，不同类型道路使用者的分隔状况良好的道路，可以选择低档值。反之则选择高档值。

道路照明标准值是根据车辆行驶速度以及交通流量等因素来确定的，与城市的性质和规模没有必然的联系。但是由于在我国还缺乏有关交通流量、交通事故与道路照明关系的详细调查统计和分析资料，而且从一般意义上来说，规模比较小的城市，机动车的数量自然会少一些，这是客观事实。从这样的角度来看，机动车驾驶员的视觉作业难度也就相对低一些，因此，为了合理配置资源和节约能源，在我国的标准中做出了一般中小城市可以选择照明标准中低档值的规定。

城市道路的交通控制系统指的是交通信号灯、交通标志、方向标志以及道路标志等。不同类型道路使用者的分隔状况指的是机动车、非机动车以及行人之间有无分车带设施进行隔离。如果交通控制系统完善，不同类型的道路使用者的分隔状况比较理想，那么，机动车驾驶员在进行作业时就可以在很放松的心态下操作，精神压力较小，因而对照明的要求可以适当降低，此时可以采用低档值；反之则应采用高档值。

4.2.2 机动车道路交会区的照明标准

道路交会区是指道路上的交叉口、出入口、人行横道等区域，它们是道路系统中比较特殊的区域。在这个区域，机动车之间、机动车与非机动车之间、车辆与行人之间、车辆与固定物之间发生碰撞的可能性大为增加。由于交会区的交通所具有的这种特殊性，因而，应该对其照明进行专门的规定。

美国的统计资料表明，“在城区中，大约有50 %的交通事故发生在交叉口”，我国虽没有这方面的统计资料，但时有在交叉口发生事故的报道。过去，我们对交叉口、人行横道等交会区的照明不够重视，没有对它单独提出要求，致使交叉口的照度不但不达标，反而比平直路段的亮度、照度低，人行横道也不设照明。

城市道路照明设计标准特别提出了道路交叉口、出入口、人行横道等道路交会区的照明质量，一般要求采用直射式照明灯具，在其前后50m要保证有30lx以上的照度水平，比周边道路的照度要高，同时要求亮度分布均匀，视觉对象能明显地被衬托出来。我国道路照明标准中关于交会区照度规定见表4-3。

中国道路照明标准中道路交会区的照明规定　　表4-3

交会区类型	平均水平照度（维持值 lx）	照度均匀度（维持值 lx）	眩光限制
与主干路交会	30/50	0.4	在驾驶员观看灯具的方向上，灯具在80°和90°高度角方向上的光强分别不得超过30cd/1000lm和10cd/1000lm
与次干路交会	30/20	0.4	
与支路交会	20/15	0.4	

注：两条道路交会时，交会区的照度值按其中级别高的道路选取。

由于道路照明标准中对常规路段的照明规定划分了高档值和低档值，因此，为使交会区的照明水平与交会前的照明水平匹配，交会区也规定了照明标准的高档值和低档值。

眩光控制也是交会区照明标准中的一项重要内容，但是由于交会区所采用的灯具布置是非标准的，使得阈值增量计算困难，而且驾驶员的视点不断变化，也使得适应亮度无法确定，在这种情况下，采取了限制灯具中特定方向光强的方法来限制眩光。

4.2.3　人行道路和区域的照明标准

道路照明不仅要为机动车驾驶员提供视觉条件，还要满足夜间行人的视觉及安全需要。好的道路照明质量对人行交通要道照明应强调能够辨清障碍物及人物轮廓，无照明暗区死角（最小水平照度），对行人全身必须以充分亮度（最小垂直照度），避免行人头亮、脚不亮而产生的不安全感，以致机动车驾驶员需用车前灯照明行人而影响道路使用率，同时使行人产生恐惧心理。

在我国城市道路照明设计标准中，对位于商业区和居住区内的主要供行人以及非机动车混合使用的人行道路照明作了规定，道路照明标准中人行交通道路照明标准值如表4-4所示。

中国道路照明标准中人行道路照明标准的规定　　表4-4

夜间人行流量	区　域	平均水平照度（维持值 lx）	最小水平照度（维持值 lx）	最小垂直照度（lx）
流量大的道路	商业区	20	7.5	4
	居住区	10	3	2
流量中的道路	商业区	15	5	3
	居住区	7.5	1.5	1.5
流量小的道路	商业区	10	3	2
	居住区	5	1	1

注：最小垂直照度为道路中心线上距路面1.5m高度处，垂直于路轴平面的两个方向上的最小照度。

在表4-4中，增加了路面最小水平照度和最小垂直照度两项指标。从理论上讲，采用半柱面照度比垂直照度更加科学合理，但根据使用者目前的接受程度并参考一些国际标准，暂时不予采用。这样，既做到和国际照明委员会CIE、美国、日本等国际标准接轨，也充分考虑了人行交通的特点和对行人的安全、舒适的重视。

由于机动车交通道路中有环境比指标的规定，因此，对于那些位于机动车交通道路一侧或两侧的、同时又与机动车道没有分隔的非机动车道的划归，应采用与机动车道照明相同的标准值；如果非机动车道与机动车道之间设置了分隔，那么，非机动车道上的平均照度应为与其相邻的机动车道上照度值的1/2；如果这条非机动车道是与人行道混用的道路，人行道的照明标准应采用非机动车道的照明标准；如果人行道与非机动车道之间设置了分隔，成为分设的道路时，那么，人行道上的平均照度应为相邻非机动车道的照度值的1/2。

如果城市一条道路上的各类车辆都保持这样的比例关系，那么在某些道路上，其人行道上的水平照度可能会低于5lx，此时，应该执行5lx的照度标准，也就是说，人行道路照明水平的下限是5lx。

4.2.4 公共活动区的照明要求

城市中的公共活动区主要是一些供行人休息、散步、交流、游戏以及开展一些文体活动的场所，如小径、街边开放式公园、街边绿地、庭园、小广场等，在这种环境中所设置的照明应该创造一种亲切的气氛，提供满足活动需要的基本地面照度和照度均匀度，同时还要保证适当的空间照明，满足半柱面照度的要求。另外，照明光源的显色性也是这类场所照明中予以考虑的。关于公共活动区域照明要求可以参考表4-5的推荐值来进行设计。

休闲性公共活动区的照明要求 **表4-5**

场　所	最小水平照度 (lx)	照明均匀度 (u)	最小半柱面照度 (lx)	显色指数 (R_a)
小　径	2	1:4	2	>65
街边绿地	2	1:6	2	>65
庭园、小广场	5	1:6	3	>65
儿童游戏场地	10	1:6	4	>65

城市的公共照明，延长了城市活动时间，使许多活动（如

运输、工商业、文化娱乐活动等）可以延长到夜间继续进行；减少了交通事故和犯罪活动率，根据许多国家的统计，在改善了道路照明以后，交通事故可以减少1/3以上；美化了城市环境。白天，成组的、有规律的各种造型优美的灯具就是很好的装饰品；夜晚，灯光更是美化环境的重要因素。

4.2.5 隧道的照明要求

隧道照明中出现的视觉现象与在道路照明中所遇到的现象有明显的差别，其主要的问题不是在夜间照明中产生的，而是出现在白天。设置照明的目的就是要保证机动车辆在某一速度接近、通过和离开隧道时，其在行驶中所感受到的安全性和舒适性应不低于在与隧道连接的露天道路上行驶的感觉。

在隧道照明中通常采用对称照明系统，即灯具配光沿道路轴线呈对称分布。除此之外，还有一种逆向照明系统，即灯具配光沿道路轴线呈非对称分布，光束的照射方向主要指向驾驶员。我国《公路隧道设计规范》推荐的内部段照明的标准值见表4-6 。

我国《公路隧道设计规范》推荐的内部段照明亮度标准值

表 4-6

车速（km/h）	双车道单向交通（流量大于2400辆/h）或双车道双向交通（流量大于1300辆/h）	双车道单向交通（流量小于或等于700辆/h）或双车道双向交通（流量小于或等于360辆/h）
100	9.0	4.0
80	4.5	2.0
60	2.5	1.5
40	1.5	1.5

4.2.6 道路照明功率密度

建设节约型社会已成为我国的一项重要国策，各行各业都要认真做好节能工作，道路照明行业也不能例外。尽管CIE及其他国家均未推出道路照明节能标准，从调查、分析道路照明设计能耗和实际能耗入手，并参考国外有关资料，制订出我国的道路照明节能标准，即机动车交通道路应以照明功率密度（*LPD*）作为照明节能的评价指标。

1. 照明设计标准关于照明功率密度值的规定

在我国现行的道路照明设计标准中，提出了照明节能的评价指标，即每单位面积的道路路面上所使用的照明用电功率限值。

2004 年 12 月 1 日起实施的国家标准《建筑照明设计标准》GB50034-2004，特别重视节能。该标准通篇贯穿了绿色照明的指导思想和宗旨，在提高照度和照明质量的同时，特别强调提高照明系统能效，节约能源。除了制订了节能措施和要求外，还第一次正式规定了道路、居住建筑、办公、学校、商业等 5 类公共建筑及 3 类工业建筑共 108 个场所的“照明功率密度”（*LPD*）的最大允许值，这些 *LPD* 值（除居住建筑外）作为强制性条文发布，要求必须严格执行。

2006 年底发布、2007 年 7 月 1 日实施的行业标准《城市道路照明设计标准》CJJ45-2006，规定了城市道路照明的 *LPD* 限值，并作为强制性条文发布。2006 年制定的行业标准《城市夜景照明技术规范》DB11/T388.4-2006 以及《城市夜景照明设计规范》JGJ/T163-2008 也规定了 *LPD* 限值。要求各等级机动车交通道路的单位面积的路面上的用电能耗（即照明功率密度）不应大于表 4-7 的规定。

机动车交通道路的照明功率密度（*LPD*）值　　表 4-7

道路级别	车道数（条）	照明功率密度值（W/m^2）	对应的照度标准（lx）
快速路	≥6	1. 05	30
	<6	1. 25	30

续表

道路级别	车道数（条）	照明功率密度值（W/m^2）	对应的照度标准（lx）
主干路	≥6	0.70	20
	<6	0.85	20
次干路	≥4	0.70	15
	<4	0.85	15
	≥4	0.45	10
	<4	0.55	10
支路	≥2	0.55	10
	<2	0.60	10
	≥2	0.45	8
	<2	0.50	8

注：1. 本表仅适用于高压钠灯，当采用金属卤化物灯时，应将表中对应的值乘以1.3。

2. 本表仅适用于设置连续照明的常规路段。

3. 设计计算照度高于标准照度时，照明功率密度值不得相应增加。

2. 城市道路照明标准中有关*LPD*的说明

（1）由于在我国道路照明标准的规定中，对同一级道路提出了两档亮度值和照度值，即高档值和低档值，因而照明功率密度也相应规定了两档值。

（2）由于照明功率密度与道路路面的宽度，也就是道路车道数有密切关系，而路面宽度又存在着多种变化，为了方便在进行照明设计时使用，先选定那些出现概率比较高的车道数作为某级道路宽度的代表，然后把道路宽度归为两类，大于或等于此车道数的为一类，小于此车道数的为另一类。例如，在快速路中出现得比较多的是6车道，则道路宽度的划分就是：大于或等于6车道的为一类，小于6车道的为另一类。因此，在进行设计时就能够根据道路参数很方便地确定所对应的照明功率密度（*LPD*）值。

（3）由于目前在我国的机动车交通道路上所使用的光源大多数为高压钠灯，因此，在照明标准中所规定的照明功率密度也是针对高压钠灯的，即表4-7适用于采用高压钠灯作为道路照明的情况。如果采用其他光源，则应将表中的*LPD*乘以适当的系数。比如，当采用金属卤化物灯光源时，则应乘以1.3的系数，这一系数是高压钠灯与金属卤化物灯的光通量之比。

在确定*LPD*值的过程中，对我国22个城市中的161条道路的照明功率密度进行了统计分析，通过对道路宽度进行分类，并折算成产生100lx照度的情况下，发现其中有大约60%道路的*LPD*值符合我国标准中规定的*LPD*限值的要求。具体到某一条道路，如果其平均照度高于标准值，其*LPD*值大多都会超过标准中规定的限值，但是在进行照明设计时，只要将照明水平控制在标准范围内，并进行认真计算，其*LPD*值基本上能够达到标准的要求。因此，我国道路照明功率密度标准中规定的*LPD*值是合理的、可行的。

3. 影响*LPD*的因素和降低*LPD*的措施

（1）*LPD*值表达式的变换

由电气照明的有关知识可得到，用利用系数法计算平均照度的计算式为：

$$E_{av} = (\Sigma\varphi \cdot U \cdot K)/S \quad (4\text{-}1)$$

式中 E_{av}——平均照度，lx；

$\Sigma\varphi$——光源的光通量总和，lm；

U——利用系数；

K——维护系数（按设计标准规定）；

S——场所面积，m^2。

光源及其镇流器在内的平均光效为：

$$\eta_s = \Sigma\varphi/\Sigma P \quad (4\text{-}2)$$

式中 η_s——平均光效，lm/W；

ΣP——光源的功率总和，kW。

而照明功率密度的计算式由单位面积的照明安装功率来表示：

$$LPD = \Sigma P/S \tag{4-3}$$

将式（4-1）和式（4-2）代入式（4-3），经整理后，可得出 *LPD* 表达式为：

$$LPD = E_{av}/(\eta_s \cdot U \cdot K) \tag{4-4}$$

（2）影响 *LPD* 的因素和降低 *LPD* 的措施

从式（4-4）可知，影响 *LPD* 的因素有 4 个，即照度水平（E_{av}）、光源及镇流器的平均光效（η_s）、光通量的利用系数 U、维护系数 K。降低 *LPD* 可以采取的措施有：

1）合理选择平均照度。一般来说应按照明设计标准的规定执行，不宜过分降低照度，以保证工作使用的要求；也不宜任意提高照度，应受到节能的制约。

2）提高光源及镇流器的平均光效。这是最主要的措施，为此，设计时在满足显色性要求的条件下，应选用高效光源和镇流器，以获得较低的 *LPD* 值。

3）提高利用系数。这也是重要措施之一。在满足眩光要求条件下，对功能性照明场所，应选用直接型灯具；灯具的光强分布（配光）应与道路照明相适应，以获得更高的利用系数。

4）提高维护系数。在运行使用中，加强维护管理，适时清洁灯具及附件表面，适时更换光通衰减到一定比例的光源，是节能的措施之一。

4.3 国际照明委员会道路照明标准

国际照明委员会的技术报告《机动车和行人交通道路的照明推荐》CIE115-1995 中，在道路分类上，主要分为机动车道路、复杂道路和居住区道路 3 类。

（1）机动车道路 M。机动车道路路面分为 5 级，即 M1、M2、M3、M4、M5。

（2）复杂道路 C。复杂道路路面分为 5 级，即 C0、C1、

C2、C3、C4。

(3) 居住区道路 P。居住区道路路面分 7 级，即 P1、P2、P3、P4、P5、P6、P7。

国际照明委员会 CIE 对城市机动车交通道路标准值的规定，是划分了几个照明等级，每个照明等级对应着相应的照明数量和质量指标数值。在使用时，根据道路的具体情况来确定其对应的照明等级。CIE 于 1997 年制订的关于道路照明的要求见表 4-8 。

国际照明委员会 CIE 关于道路照明的建议（1997）　　表 4-8

道路等级	路面平均亮度（cd/m^2）	不舒适眩光控制指标 G
高速道	2	6
主干道	2	5
主要街道	2	4
住宅道路	1	4

注：亮度取观察者前面 60 ~ 160m 之间的平均亮度。

2007 年，CIE115-2007（国际照明委员会《机动车和行人交通道路的照明推荐》修改）发布，该文件推荐、介绍了根据亮度的概念，考虑了各种视觉作业的不同参数，从而得到相应照明等级（M、C 或 P）选择的简化模型，还根据不同交通流量和天气条件，提供了使用合适照明系统模型的可能性。其中，路面分级的数量，M 路面由原来的 5 级改为 6 级，即 M1 ~ M6；C 路面由原来的 5 级改为 6 级，即 C0 ~ C5；P 路面由原来的 7 级改为 6 级，即 P1 ~ P6。

CIE115-2007 的推荐着眼于维持照明水平和照明质量，就是指照明设施的寿命，其功能不能小于规定的最小限值。

4.3.1　机动车道路照明等级和照明要求

道路 M 等级的分类是依据道路上的设施、交通情况和车辆情况等多个参数，进行综合判定得到权重系数 *SWF* 后，用下式计算得到的：

$$M = 6 - SWF \tag{4-5}$$

由式（4-5）可以得到1～6之间的任一个数字，这就表示它的相应照明等级，即M1～M6。对于四舍五入的不作规定；对C路面和P路面采取相同的处理方法。

在CIE115-2007中，增加了适合发展中国家的M6一档。2007年，CIE关于各级道路的照明标准见表4-9。

CIE关于各类道路上的照明指标（2007） **表4-9**

照明等级	道路照明亮度				阈值增量 T_1（%）	环境比 SR
	干燥路面			潮湿路面		
	平均亮度 L_{Au}（cd/m^2）	总均匀度 U_o	纵向均匀度 U_L	总均匀度 U_o		
M1	2.0	0.4	0.7	0.15	10	0.5
M2	1.5	0.4	0.7	0.15	10	0.5
M3	1.0	0.4	0.6	0.15	10	0.5
M4	0.75	0.4	0.6	0.15	15	0.5
M5	0.50	0.35	0.4	0.15	15	0.5
M6	0.30	0.35	0.4	0.15	20	0.5

4.3.2 复杂路段照明等级和照明要求

复杂路段C分级由下式计算得到：

$$C = 6 - SWF \tag{4-6}$$

道路M级与C级之间的关系见表4-10。

M级和C级照明水平的比较（CIE66.1984） **表4-10**

照明等级 M		M1	M2	M3	M4	M5	M6
平均亮度 L（cd/m^2）		2.0	1.5	1.0	0.75	0.5	0.3
照明等级 C	C0	C1	C2	C3	C4	C5	
平均照度 E（lx）	50	30	20	15	10	7.5	

4.3.3 居住区道路的照明等级和照明要求

1. 居住区道路的照明等级

CIE 对人行道照明标准值的规定是采取了对人行道分类的方法，这种分类充分考虑了道路的重要程度、夜间的行人流量、所需要的照明方式（如需要灯光来照亮路面还是用灯光来作为引导）等因素。同时，又划分了相应的照明等级，通过不同类型的道路与特定的照明等级相对应，规定了各类道路的照明标准值。

居住区道路复杂路段 P 分级由下式计算得到：

$$P = 6 - SWF \tag{4-7}$$

复杂路段 P 共分为 7 个等级。道路分类情况及其对应的照明等级见表 4-11。各个照明等级的照明要求见表 4-12 。

CIE 规定的不同类型人行道路及其对应的照明等级（1995）

表 4-11

道路情况描述	照明等级
高度有名望的街道	P1
晚上行人或自行车很多的路	P2
晚上行人或自行车流量中等的路	P3
晚上行人或自行车流量不大，单独与临近房屋相连的道路	P4
晚上行人或自行车流量不大，单独与临近房屋相连的道路，重要的保护村落或特征建筑的周围	P5
晚上行人或自行车流量很少，单独与临近房屋相连的道路，重要的保护村落或特征建筑的周围	P6
仅需要灯具直接光线作为视觉引导的道路	P7

对于像步行商业街、广场、公园、街巷道路等场所中的人行区域，其照明规定主要是根据场所性质、功能需要、行人的

视觉特点、交通流量等因素，提出相应的照明标准值。由于这类场所的情况比较复杂，各国、各地区都会根据当地的具体情况和使用需求来提出相应的标准。

CIE 提出的人行道路的照明要求（2007）　　**表 4-12**

照明等级	平均水平照度 E_m（lx）	平均水平照度 E_{max}（lx）	阈值增量 T_1（%）	若要认知人脸	
				最小垂直照度	最小半柱面照度
P1	15	3.0	20	5.0	3.0
P2	10	2.0	25	3.0	2.0Y
P3	7.5	1.5	25	2.5	1.5
P4	5.0	1.0	30	1.5	1.0
P5	3.0	0.6	30	1.0	0.6
P6	2.0	0.4	35	0.6	0.4

CIE 针对一些特殊区域内的人行道，提出了专门的照明要求，这些人行道主要是购物区、居住区、社区中心、停车场等处的连接通道，以及街心公园内的穿行小径。这些道路上的行人往往比较多，而且路型、路况也是复杂多变。因此，行人的视觉要求必须得到充分的保障，所设计的照明要让行人看清路面障碍物和不平整的地方，看清路型的走向和变化，让行人对路边的环境有一定的了解，能辨认对面来人的面貌特征。另外，照明效果应该创造一种有吸引力的舒适的环境氛围。照明标准要求人行道路路面有合适的平均照度，其范围是整个路面，可能的情况下，最好在路边缘向外延伸 5m，此外，还要控制过暗的区域以及保证半柱面照度的要求，具体规定见表 4-13 。

2. 居住区内道路的照明要求

居住区的区域内道路主要是供行人使用，虽然也会有一些车辆要使用这些道路，但由于对车速进行了严格的限制，因此，驾驶员有充足的时间来观察路面情况。

CIE 对一些特殊区域内人行道路的照明要求　　表 4-13

场　所	平均水平照度维持值（lx）	最小水平照度维持值（lx）	最小半柱面照度维持值（lx）
居住区公园中的小径	5	2	2
市中心区内的步行道	10	5	3
拱廊步道、通道	10	5	10

这类道路一般比较窄，采用单侧布置灯具的方式就可以满足要求。但是当路面的宽度超过灯具安装高度的两倍时，应采取双侧布灯的方式。灯具的安装高度除了考虑照明需要之外，还要考虑与其他街道设施及树木之间的关系，一般为 4～8m。安装高度不合适可能使照明效果受到树木的影响。

由于居住区环境中需要营造出让人舒适的氛围，并对环境和公共设施进行适当的照明展示和形象塑造，因此就需要照明灯具提供适当的水平方向的光线甚至向上的光线，但需要注意控制眩光，尤其要控制射向住宅窗户上的光线。由于区域内道路上使用的灯具大多具有较低的安装高度，并且灯具的布置又可能是不规则的排列。因此，关于眩光的控制，CIE 提出通过控制灯具在特定方向的出光表面面积和其表面亮度的方法来达到要求。用：L 表示灯具与下垂线呈 85°和 90°方向的最大平均亮度（cd/m^2）；A 表示灯具在与向下垂线呈 85°和 90°方向间的出光面积（m^2），包括所有面积，则灯具的眩光控制可以简化为 L 与 A 的关系。

CIE 关于居住区内人行道路照明灯具眩光限制的要求如表 4-14 所示。

对于居住区内的道路照明，除了要满足灯具眩光限制的要求之外，还应适当考虑照明设施本身的美学效果。在一根灯杆上应尽量少用灯具，还要考虑使灯具造型、灯杆形式、表面漆饰等方面，与公共设施及邻近建筑保持协调。选择灯具的安装高度时，除了考虑灯具功能方面的要求外，也要兼顾美观效果方面的要求。在可能的前提下，灯具安装高度不宜超过街道上建筑平均高度的一半，又不应小于街道宽度的一半。

CIE 关于居住区内人行道路照明灯具眩光限制的要求

表 4-14

灯具安装高度 H（m）	L 与 A 的关系
$H \leqslant 4.5$	$LA^{0.5} \leqslant 4000$
$4.5 < H \leqslant 6$	$LA^{0.5} \leqslant 5500$
$H > 6$	$LA^{0.5} \leqslant 7000$

居住区人行空间中的照明效果应强调造型立体感的要求，CIE 关于这方面的要求是，垂直照度与半柱面照度之比最好能控制在 0.8～1.3 之间，这样能获得令人满意的立体感效果。在居住区内道路及其他场所所设置的照明要严格控制射向住宅居室窗户上的光线，其方法是控制窗户上的垂直照度以及可以直接看到的发光体光强，CIE 对此作了专门的规定，如表 4-15 所示。

CIE 关于控制住宅干扰光的规定 **表 4-15**

	乡村居住区		近郊居住区		市中心居住区	
	23:00 时前	23:00 时后	23:00 时前	23:00 时后	23:00 时前	23:00 时后
住宅窗户上的垂直照度（lx）	5	1	10	2	25	5
直接看到的发光体光强（cd）	7500	500	10000	1000	25000	2500

4.3.4 隧道内部段的照明要求

隧道内部的照明主要是为了保证车辆的安全行驶，其所需要的亮度是由车辆的行驶速度和交通流量决定的。除了为路面提供所需要的照明亮度外，还应保证在该路段内的2m以下墙面上的平均亮度也不应小于相应路面的平均亮度。CIE对隧道内部段照明的推荐值见表4-16。

CIE对隧道内部段照明的推荐亮度 **表4-16**

刹车距离（m）	交通量（辆/h）		
	小于100	100~1000	大于1000
60	1	2	3
100	2	4	6
160	5	10	15

4.3.5 人行地下通道的照明要求

人行地下通道是行人和非机动车频繁使用的场所，同时，它又是一个比较封闭的空间，人们在其中往往会感觉压抑、局促和紧张，因而地下通道的照明是十分重要的。

地下通道内的照明要考虑白天和晚上两种情况，以便使行人在进出地下通道时都能尽快地完成视觉适应。如果人行地下通道内存在照度特别低的区域，就会妨碍行人对路面情况的观察，会影响行人对对面其他行人的面部特征和动作意图的辨识，给使用地下通道带来不便，甚至带来安全方面的隐患。此外，较暗的区域或角落让人难辨其详，会让人恐惧和不安。因此，我国的道路设计标准分别对人行地下通道内的路面最低照度提出了要求，要求白天为50lx，夜间为15lx。

人行地下通道内的行人流量有峰谷之分，处于流量高峰时，人群拥挤；而处于低流量时，几乎很少有行人过往；尤其是在夜间，空空的地下通道内，偶尔有行人通过，又会造成他人的紧张。无论是哪一种情况，人们都希望有足够的、合适的照明，以便能方便地了解周围的情况。当对面有人走来时，能看清来者的面貌体征和动作意图，因此，还应在地下通道内提供合适的垂直照明。关于这种类型的照明，CIE是通过半柱面照度来进行规定，这种规定符合实际情况。表4-17为CIE关于地下通道的照明要求。

CIE关于人行地下通道的照明要求　　表4-17

	平均水平照度（lx）	最小水平照度（lx）	最小半柱面照度（lx）
白　天	100	50	30
夜　间	30	15	10

人行地下通道出入口的照明也很重要，充足的照明有利于行人找到出入口位置，也方便人们上下台阶。一般情况下，地道口附近的路灯能满足地道口外的照明需要，并能适当兼顾入口台阶上的照明；如果地道出入口附近没有设置路灯，就应该另外安装专门的照明灯具，以保证行人安全地进出地下通道。

4.3.6　人行过街天桥的照明要求

人行过街天桥是供行人使用的跨越城市道路的设施，因此，对其进行的照明主要是考虑满足步行交通的需要。天桥上有栏杆和台阶，这些自然是照明设计中必须考虑的对象。此外，天桥所跨越的城市道路大多设有照明系统，使天桥的照明和其周边的道路照明形成良好的协调和补充也是设计中需要关注的内容。

为人行天桥设置照明时，桥面的平均水平照度不应低于5lx，阶梯的照度还应适当提高，同时还应保证阶梯的踢板和踏板形成显著的照明差别，以便于通过足够的对比使阶梯的结构清晰地显现出来。CIE在其技术文件中提出了人行阶梯上的照明要求，即阶梯踏板上的平均水平照度值应大于40lx，阶梯踢板上的平均水平照度值应小于20lx。

人行天桥所跨越的道路大多都设有照明，如果调配得当，可以利用道路照明为天桥提供照明。所以，在设计道路照明时，要根据人行天桥的位置，适当调整灯杆位置，以便使道路照明灯具能有效兼顾桥上的照明需要。此外，对于天桥上的行人来说，桥下道路照明灯具的安装高度已经显得非常低了，很容易产生眩光。因此，应通过选择灯具类型、安装高度和安装位置，来达到尽量控制眩光的目的。

有些人行天桥也要通行自行车之类的非机动车，此时桥上的照明应兼顾行人和骑车人的使用需要，保证两者都能看清路面的形式和障碍物，辨识同时使用该桥的人的面貌和动作意图，为此，CIE 提出了针对此类过街天桥的照明要求，见表4-18。

CIE 关于行人和自行车共用过街天桥的照明要求　表4-18

	平均亮度（cd/m^2）	亮度均匀度（cd/m^2）	半柱面照度（lx）
位于主次干路上的天桥	1	0.4	2
	平均水平照度（lx）	最小水平照度（lx）	最小半柱面照度（lx）
位于支路上的过街桥、单独的过街桥	5	1	1

注：1. 平均水平照度值是整个天桥桥面上照度的平均值。
2. 半柱面照度是指与道路走向平行的两个方向。

4.3.7 人行横道的照明要求

人行横道是一种特殊的道路交叉口，由于人行交通和机动车交通仅仅在一条道路的路面上进行交汇，因其所具有的不可预知性，使得在人行横道上可能遭遇的潜在危险要比其他道路交叉口处高得多。因此，应该在照明上提出更高的要求，必要时应配以附加的特殊照明，以满足过往的机动车驾驶员和行人的视觉需要。

位于城市机动车道路上的人行横道属于道路交会区，因此，应按照道路交会区照明标准的规定来选择人行横道上的照度标准，即人行横道上的平均水平照度应该比其所在道路的照度水平高一个等级。

此外，城市中还有很多特殊的区域，例如商业区、行政办公区、居住区等，在这些区域内，机动车行车状况大体相似，但在交通流量上有一定的差别，设置在此类车道上人行横道上的照明，目的是让车辆驾驶人员看清行人，以便及时采取措施，保障行人安全。另外，也能让行人看清路面的各种障碍物及路型情况。为了达到这样的目的，CIE 提出了针对此类人行横道的照明要求，见表4-19 。

CIE 对于特殊区域内人行横道的照明要求　　　表 4-19

区　域	平均水平照度（lx）	最小水平照度（lx）
商业区、行政办公区	30	15
居 住 区	20	6

第5章　城市道路照明节电技术

1996年，国家经贸委、国家计委、科技部、建设部等13个部门共同组织实施了“中国绿色照明工程”，并将其作为节能领域的重大示范工程。为了进一步推动中国绿色照明工程的开展，2001年国家经贸委与联合国开发计划署（UNDP）和全球环境基金会（GEF）共同实施了“中国绿色照明工程促进项目”，目的是通过发展和推广效率高、寿命长、安全和性能稳定的照明电器产品，逐步替代传统的低效照明电器产品，节约照明用电，改善人们的工作、学习、生活条件和质量，建立一个优质高效、经济、舒适、安全，并充分体现现代文明的照明环境。通过项目的实施，到2010年实现节电10%。1996~2004的9年间，经专家测算，中国绿色照明工程累计节电450亿kWh，相当于900万kW发电机的装机规模，削减了大量电网峰荷，相当于减少二氧化碳（碳计）排放1300万t。项目实施的最终目标是节约电力、保护环境，2001~2010年间，实现累计照明节电1033亿kWh，实现照明节电10%，相当于减少CO_2排放114亿t，并建立可持续发展的高效照明电器产品市场及服务体系。

国际上照明节电的原则是，在必须保证有足够的照明数量和质量的前提下，尽可能地做到节约照明用电，这才是照明节电的唯一正确原则。照明节电是一项系统工程，要从提高整个照明系统的效益来考虑。照明光源进入人的眼睛，最后引起光的感觉，这是一个复杂的物理、生理和心理过程。照明节电涉及照明器材的选用、照明标准、照明方式、照明维护管理以及保证照明质量等。

城市道路照明节能主要从3个方面着手：

(1) 贯彻执行道路照明标准，合理的照明设计，道路照明亮度要适宜，而不是越亮越好；

(2) 选用高效电光源，选用高效灯具；

(3) 使用恰当的控制方式，也就是采用先进控制系统和策略。

加强城市道路照明的维护与管理，将使道路设计的目标能长期得到实现，延长道路照明设施使用寿命，产生可观的经济价值和社会价值。

5.1 贯彻照明标准规范照明设计

道路照明设计的主要任务是选择照明方式和照明种类，选择电光源及其灯具，确定亮（照）度标准并进行亮（照）度计算，合理布置灯具等。一个科学合理的照明设计可以保证获得所需要的道路照明质量和数量，同时还能有效地避免光污染，节约能源，塑造美好和谐的城市夜晚环境，使道路照明真正能够发挥其应有的作用。

道路照明的基本要求是适用、经济、美观、环保。

适用是指依照道路照明标准的规定，提供一定数量和质量的照明。照明标准指标包括路面亮度（或照度）水平、亮度（或照度）均匀度、眩光控制等级、环境比等，还要考虑应保证照明设施具有良好的诱导性。

经济是指在保证满足照明功能的前提下，选择比较经济的设计方案。一方面尽量采用高效新型光源和高效灯具，充分发挥照明设施的实际效益，以较少的投资获得较好的照明效果；另一方面，在符合各项规程、标准的前提下，还要符合国家当前的电力、设备和材料等方面的生产水平，节省投资。

美观是指城市道路照明在满足照明功能要求的前提下，适当考虑照明系统的装饰性和景观效果，使其与城市环境达到和谐。

环保是指道路照明不应破坏城市的夜景环境，不应干扰城市居民的工作和生活，不应影响其他的城市功能，不应妨碍其他需要在夜晚进行的工作。

5.1.1 正确选择道路照明标准

国际照明委员会（CIE）对城市道路照明情况的推荐值为：主要街道的路面亮度为 $2cd/m^2$，住宅道路的路面亮度为 $0.5 \sim 1cd/m^2$。资料表明，大多数国家城市街道路面亮度的实际水平在 $2cd/m^2$ 以下。我国城市道路照明设计标准中，规定路灯开灯照度为10lx，关灯照度为30lx。

在编制我国机动车交通道路照明标准的过程中，曾对国内有代表性城市的道路照明进行了调查和现场测量。共调查了28座城市的355条道路，主要调查内容是道路照明的平均照度和照度均匀度，并在此基础上推算出了道路照明的功率密度值。获得有效结果的339条道路上的平均水平照度等参数见表5-1。获得有效结果的326条道路上的照度均匀度等参数见表5-2。

我国机动车道路照明平均水平照度调查情况　　表5-1

平均水平照度（E_{avh}）范围（lx）	道路数（条）	各种照度水平的道路所占的比例（%）	备　注
$E_{avh}>30$	177	52.2	$(E_{avh})_{max}=188lx$
$20\leqslant E_{avh}\leqslant 30$	73	21.5	
$15<E_{avh}<20$	17	5.0	
$10\leqslant E_{avh}\leqslant 15$	30	8.8	
$8\leqslant E_{avh}<10$	4	1.2	
$5\leqslant E_{avh}<8$	19	5.6	
$E_{avh}<5$	19	5.6	$(E_{avh})_{min}=0.71lx$

调查对象大多为城市的主干路和次干路，就平均照度来看，超过30lx（主干路照明标准的高档值）的道路数量超过了1/2，超过20lx的道路数量也占到3/4；在照度均匀度方面，达到0.4的道路数量在一半以上，达到0.35的道路数量占总数的70%，

并且，这些道路大多为新建道路。

我国机动车车道路照明照度均匀度调查情况　　表 5-2

照明均匀度（u）范围	道路数（条）	各种照度均匀度的道路所占的比例（%）
$u > 0.4$	176	54.0
$0.35 \leqslant u < 0.4$	51	15.6
$0.3 \leqslant u < 0.35$	37	11.3
$u < 0.3$	62	19.0

近年来，我国城市的街道照明亮（照）度水平有迅速攀高的趋势，在一些城市的繁华路段，一根灯杆上安装有几十盏甚至上百盏灯，一到夜晚，光芒四射，形成了一根一根的“灯柱”，远远望去，恰似灯海一片。随着城市“夜景照明”热潮的兴起，不少新建或改建的城市街道照明亮（照）度值几倍甚至几十倍的高于 CIE 的推荐值，也远高于我国的行业标准。有关资料显示，北京、上海、武汉、杭州、成都、长春、银川、常州、扬州、无锡、青岛、宝鸡等城市的一些道路平均照度达 45lx（亮度在 3cd/m^2）以上。有的道路平均照度甚至达 140lx。例如，杭州市、深圳市的部分道路照明平均照度等指标都要高出我国的标准。见表 5-3 和表 5-4

杭州市主城区城市道路网照明分级控制　　表 5-3

道　路	路面平均亮度（最小值）	路面亮度均匀度	平均水平照度（最小值）
城市快速路	1.5（cd/m^2）	0.40	50lx
城市主干道	1.0	0.35	20
商业性道路	0.5	0.35	10
城市次干道	0.5	0.35	8
支路、景区游路	0.3	0.30	5

深圳市道路照明标准与标准的对比 表 5-4

道 路	行业标准（CJJ45-91）		深圳市标准
	平均照度（lx）	平均亮度（cd/m）	平均照度（lx）
快速干道	20	1.5	30
主干道	15	1.0	25
次干道	8	0.5	15
支 路	5	0.3	8

注：表中平均照度适用于沥青路面，对于水泥混凝土路面可降低 30%；表中所列为平均照度的维持值，新安装道路灯具的路面初始照度值应高 30%～50%。

在这次调查中，为了规定我国标准中的道路照明功率密度 *LPD* 值，使之既能起到节能的效果，又符合国内的基本情况，对 22 座城市的 161 条道路的 *LPD* 进行了统计分析，通过对路宽分类，并折算成产生 100lx 的情况下导出各类道路的 *LPD* 值。具体到每一条道路，如果其平均照度高于标准值，则其 *LPD* 值大多会超过标准中规定的限值。表 5-5 为成都市道路调查结果折算的照明功率密度值。

成都市不同宽度道路的 *LPD* 平均折算值 表 5-5

道路宽度（m）	车道数	*LPD* 平均折算值（lx）						道路数
		100	30	20	15	10	8	
≥21	≥6	3.30	0.99	0.66				14
14～20	4～5	3.50	1.05	0.70	0.53	0.35		20
8～13	2～3	4.17	1.25	0.83	0.63	0.42	0.33	23
<8	1－2				0.79	0.52	0.42	5

城市道路照明的目的是使行人和驾驶员能很好地识别前方路面上的情况，从而保证夜间交通的安全与快适。道路照明并不需要那么亮，更不是越亮越好。实际上，路面过亮会带来一

些问题。首先是浪费电能，为了提高路面的亮度，需要增加路灯的功率，相当于增加了发电机地装机容量；其次，发电容量增加，将增加二氧化碳、二氧化硫有害气体的排放，破坏空气质量；第三，加重了光污染和光干扰，使干扰驾驶员正常行驶的眩光趋于严重。

以北京市为例，到2010年，北京市有路灯约22万盏，为了提高路面的亮度，如果平均每盏灯只增加10W的功率，共增容0.22万kW，按路灯每天工作10h计算，一年365天，年多耗电803万kWh。相当于增加二氧化碳（碳计）排放0.32万t。

5.1.2 合理选择照明方式

道路照明设计应根据道路和场所的特点及照明要求，选择常规照明方式或高杆照明方式。

1. 常规照明

常规照明中灯具的布置可分为单侧布置、双侧交错布置、双侧对称布置、中心对称布置和横向悬索布置5种基本方式。

（1）单侧布置

所有的灯具都布置在道路的一侧为单侧布置，它适合于比较窄的道路。单侧布置方式要求灯具的安装高度等于或大于路面的有效宽度。单侧布置具有良好的诱导性，但两个方向行驶的车辆得到的照明条件是不同的。

（2）双侧交错布置

灯具按道路的走向交替排列在道路的两侧为双侧交错布置，这种方式要求灯具的安装高度不小于路面有效宽度的0.7倍。它的优点是亮度总均匀度比单侧布置要好，但亮度纵向均匀度和诱导性不如单侧布置，有时会给驾驶员造成道路走向乱的感觉。

（3）双侧对称布置

灯具相对地排列在道路两侧为双侧对称布置，它适合路面宽的道路，要求灯具的安装高度不小于路面有效宽度的一半。当道路中间设有分车带时，其效果变成了两个独立的单侧布置，应该按照单侧布置方式来处理。

（4）中心对称布置

中心对称布置方式适用于有中间分车带的双幅路，灯具安装于中间分车带上的Y形或T形灯杆上，分别向分车带两侧的道路照明。灯具的安装高度不小于单向道路的有效宽度。中心对称布置比两侧对称布置的效率高，视觉诱导性也要好。

（5）横向悬索布置

横向悬索布置是将灯具悬挂在横跨道路的悬索上，灯具的垂直对称面与道路轴线成直角，它主要应用于树木稠密的道路，或者是楼群密集难以安装灯杆的狭窄街道。一般情况下不推荐这种灯具布置方式，因为悬挂在索缆上的灯具容易摆动或转动，从而产生闪烁眩光。

采用常规照明方式时，应根据道路横断面形式、宽度及照明要求进行选择，并应符合下列要求：

1）灯具的悬挑长度不宜超过安装高度的1/4，灯具的仰角不宜超过15°；

2）灯具的布置方式、安装高度和间距依灯具配光类型（截光型、半截光型、非截光型）的不同而不同。它们之间的关系如表3-1所示。

2. 高杆照明

高杆照明可采用大功率光源，以满足特定被照场所的高照度要求。由于高杆照明在灯具选择配置方面有较大的灵活性，如果调配适当，可使各种形状的被照场所获得较好的照明均匀性。但高杆照明的初投资费用比较高。

（1）高杆照明灯具的配置方式

高杆照明灯具的配置方式主要有平面对称、径向对称和非对称3种。

1）平面对称式：它是指灯具对称地布置在垂直对称面的两侧或一侧，这种布置方式的高杆灯大多设置在场地的边缘，所有的灯光都投向位于灯杆前方的场地中。布置在宽阔道路及大面积场地周边的高杆灯宜采用平面对称配置方式。

2）径向对称式：它是指灯具布置在灯架的四周，将灯具环绕灯杆呈径向对称布置，这种布置方式的灯杆设置在被照场地的内部。布置在场地内部或车道布局紧凑的立体交叉的高杆灯宜采用径向对称配置方式。

3）非对称式：它是根据被照场地的具体情况的需要有针对性地配置灯具，所使用的灯具可以有不同的功率、不同的配光、不同的数量。布置在多层大型立体交叉或车道布局分散的立体交叉的高杆灯宜采用非对称配置方式。

（2）高杆照明的要求

1）无论采取何种灯具配置方式，灯杆间距与灯杆高度之比均应根据灯具的光度参数通过计算确定；

2）灯杆不得设在危险地点或维护时严重妨碍交通的地方；

3）灯具的最大光强投射方向与垂线交角不宜超过 65°；

4）市区设置的高杆灯应在满足照明功能要求前提下做到与周围环境协调。

3. 道路及与其相连的特殊场所照明设计要求

（1）一般道路照明应符合下列要求：

1）应采用常规照明方式，在行道树多、遮光严重的道路或楼群区难以安装灯杆的狭窄街道，可选择横向悬索布置方式；

2）路面宽阔的快速路和主干路可采用高杆照明方式。

（2）平面交叉路口的照明应符合下列要求：

1）平面交叉路口的照度水平应高于每一条通向该交叉路口道路的照度水平，且交叉路口外 5m 范围内的平均照度不宜小于交叉路口平均照度的 1/2；

2）交叉路口可采用与相连道路不同色表的光源、不同外形的灯具、不同的安装高度或不同的灯具布置方式；

3）十字交叉路口的灯具可根据道路的具体情况，分别采用单侧布置、交错布置或对称布置等方式。大型交叉路口可另行安装附加灯杆和灯具，并应限制眩光。当有较大的交通岛时，可在岛上设灯，也可采用高杆照明；

4）T 形交叉路口应在道路尽端设置灯具；

5）环形交叉路口的照明应充分显现环岛、交通岛和路缘石。当采用常规照明方式时，宜将灯具设在环形道路的外侧。通向每条道路的出入口的照明应符合标准要求。当环岛的直径较大时，可在环岛上设置高杆灯，并应按车行道亮度高于环岛亮度的原则选配灯具和确定灯杆位置。

（3）立体交叉的照明应符合下列要求：

1）应为驾驶员提供良好的诱导性；

2）应提供干扰眩光的环境照明；

3）交叉口、出入口、并线区等交会区域的照明应符合标准规定；曲线路段、坡道等交通复杂路段的照明应适当加强；

4）小型立交可采用常规照明。大型立交宜优先采用高杆照明。

（4）城市桥梁的照明应符合下列要求：

1）中小型桥梁的照明应和与其连接的道路照明一致。当桥面的宽度小于与其连接的路面宽度时，桥梁栏杆、缘石应有足够的垂直照度，在桥梁的入口处应设灯具；

2）大型桥梁和具有艺术、历史价值的中小型桥梁的照明应进行专门设计，应满足功能要求，并应与桥梁的风格相协调；

3）桥梁照明应限制眩光，必要时应采用安装挡光板或格栅的灯具；

4）有多条机动车道的桥梁不宜将灯具直接安装在栏杆上。

（5）人行地道的照明应符合下列要求：

1）天然光充足的短直线人行地道，可只设夜间照明：

2）附近不设路灯的地道出入口，应设照明装置；

3）地道内的平均水平照度，夜间宜为 15lx，白天宜为 50lx。并应提供适当的垂直照度。

（6）人行天桥的照明应符合下列要求：

1）跨越有照明设施道路的人行天桥可不另设照明，紧邻天桥两侧的常规照明的灯杆高度、安装位置以及光源灯具的配置，宜根据桥面照明的需要作相应调整；当桥面照度小于 2lx、阶梯照度小于 5lx 时，宜专门设置人行天桥照明；

2）专门设置照明的人行天桥桥面的平均照度不应低于 5lx，阶梯照度宜适当提高，且阶梯踏板的水平照度与踢板的垂直照度的比值不应小于 2:1；

3）应防止照明设施给行人的机动车驾驶员造成眩光。

（7）道路与铁路平面交叉的照明应符合下列要求：

1）交叉口的照明应使驾驶员能在停车视距以外发现道口、火车及交叉口附近的车辆、行人及其他障碍物；

2）交叉口的照明方向和照明水平应有助于识别装设在垂直面上的交通标志或路面上的标线。灯光颜色不得和信号颜色混淆；

3）交叉口轨道两侧道路各 30m 范围内，路面亮度（或照度）及其均匀度应高于所在道路的水平，灯具的光分布不得给接近交叉口的驾驶员和行人造成眩光。

（8）植树道路的照明应符合下列要求：

1）新建道路种植的树木不应影响道路照明；

2）扩建和改建的道路，应与园林管理部门协商，对影响照明效果的树木进行移植；

3）在现有的树木严重影响道路照明的路段可采取下列措施：修剪遮挡光线的枝叶；改变灯具的安装方式，可采用横向悬索布置或延长悬挑长度；减小灯具的间距，或降低安装高度。

（9）居住区道路的照明应符合下列要求：

1）居住区人行道路的照明水平应符合标准要求；

2）灯具安装高度不宜低于 3m。不应把裸灯设置在视平线上；

3）居住区及其附近的照明，应合理选择灯杆位置、光源、灯具及照明方式；在居室窗户上产生的垂直照度不得超过相关标准的规定。

(10) 人行横道的照明应符合下列要求：

1) 平均水平照度不得低于人行横道所在道路的 1.5 倍；

2) 人行横道应增设附加灯具；可在人行横道附近设置与所在机动车交通道路相同的常规道路照明灯具，也可在人行横道上方安装定向窄光束灯具，但不应给行人和机动车驾驶员造成眩光；可根据需要在灯具内配置专用的挡光板或控制灯具安装的倾斜角度；

3) 可采用与所在道路照明不同类型的光源。

4. 道路两侧设置非功能性照明时的设计要求

(1) 机动车交通道路两侧的行道树、绿化带、人行天桥、行驶机动车的桥梁、立体交叉等处设置装饰性照明时，应将装饰性照明和功能性照明结合设计，装饰性照明必须服从功能性照明的要求。

(2) 应合理选择装饰性照明的光源、灯具及照明方式。装饰性照明亮度应与路面及环境亮度协调，不应采用多种光色或多种灯光图式频繁变换的动态照明，应防止装饰性照明的光色、图案、阴影、闪烁干扰机动车驾驶员的视觉。

(3) 设置在灯杆上及道路两侧的广告灯光不得干扰驾驶员的视觉和妨碍对交通信号及辨认。

5.1.3 道路照明设计与节能

1. 设计对节能的作用

在考虑道路照明的节能时，一个普遍的现象就是采用什么样的节能设备或方式，而忽略了设计对节能的作用，实际上设计方案采用的照明标准、光源灯具、照明方式等因素对节能的影响更大，如果忽略，往往造成整个方案不能达到有效节能目的，严重浪费电能，即使在投入运行后通过增加设备节能，不仅投资成本高，而且节能后的能耗仍然相对较高。

2. 应严格按照标准规定的亮（照）度进行设计

一般情况下，道路亮度和消耗的电能是成正比的，按照标准的亮（照）度设计已能满足道路交通安全、行人的需要，过高会加大功率密度，也易产生光污染。除了执行设计标准外，还应注意避免实际亮（照）度远远超过设计标准的现象，一般设计标准规定的是亮（照）度最低值，如果实际亮（照）度远远高于设计标准，原则上是满足了设计要求，但也会造成功率密度过大或超标。因此在设计中应做好亮（照）度的计算和有效控制，以降低功率密度。

3. 设计时提倡采用高效光源

高效光源节能效果更显著，比普通光源灯具具有更高的发光效率，如高光效的高压钠灯比普通高压钠灯可以提高 20 % 的光通量（意味着 20 % 的节能），节能灯光效是白炽灯的 5 倍以上，而且寿命有很大的提高，节约的电费和降低的维护成本远高于投资成本。

4. 道路照明设计要强调突出功能性

主干道、次干道、机动车道路应采用截光型、半截光型灯具。相比非截光型灯具的装饰照明，功能照明灯具的利用系数、维护系数等要高得多，不但节能，还能提高亮（照）度、有效控制眩光。

5. 其他节能措施

功率因数补偿、高效镇流器（低功率可考虑采用电子镇流器）、负荷平衡（减少线损）等可以适当起到节能作用，但这不是主要节能方式或者已是标准配置。除了以上的考虑，目前越来越多的新安装道路照明还采用了电压（电流）调节的节能设备进行节能，以更科学地挖掘节能潜力。

5.1.4　城市道路照明规范设计管理示例

1996 年，我国颁布了《中国绿色照明工程实施方案》（国经贸资〔1996〕619 号文件），以推动全社会节约用电，保护环境，促进了经济社会可持续发展。2001 年，我国政府和联合国开发计划署（UNDP）、全球环境基金会（GEF）合作组织开展了“中国绿色照明工程促进项目”，从照明产品、照明设计、照明管理、天然光利用等方面挖掘照明节能潜力，保护人类的生存环境取得了显著成效。取得的成效可归纳为以下几方面：

（1）将“道路照明”与“景观照明”合并为“城市照明”统一规范管理。

（2）顺应市政公用事业市场化改革，健全城市照明法规，规范市场管理。严格从业人员的资质管理。

（3）推进“专业管理”，倡导“专项规划、专家论证、专业设计”，扭转了城市照明“大、亮、全”的倾向。

（4）开展“城市绿色照明示范工程”活动，实现了绿色照明从室内到室外（路灯、景观）的跨越。

（5）规范完善和执行照明功率密度 *LPD* 值，高效绿色照明电器产品市场份额日渐提高。

（6）推进智能化控制手段，推广集中监控、分时控制、科学管理。从专业规划，到专业设计，照明控制系统都是一个不可缺少的部分。

1. 上海 2000 ~ 2005 年绿色照明工程概况

（1）上海城市照明的规模与特点

2005 年，上海市的景观灯光路线总长度达 100 多千米，全面贯通了浦东、浦西的 10 个中心区域不同路段的夜景点；拓展了郊区夜景灯光和郊县城镇的景观灯光。并已形成了八大类的城市景观形态灯光。

1）以外滩为代表的建筑泛光照明群体；

2）以浦东新区陆家嘴为代表的现代建筑灯光群体；

3）以淮海路为代表的灯光隧道；

4）以豫园为代表的古典建筑灯光群体；

5）以徐家汇为代表的舞美效果灯光；

6）以人民广场、新华路为代表的庭院绿地灯光；

7）以南京路步行街为代表的商业旅游休闲灯光；

8）以东方明珠、南浦大桥、杨浦大桥、高架路为代表的标志性建筑灯光群体。

从 1998 年开始，上海建立了景观灯光监控中心，对重要地区的景观灯光，采用无线通信远程技术和计算机控制技术进行管理。这个中心已具备了集中开关灯的控制、电流量监控、数据查询、安全报警、多媒体实景演示和控制方案选优等功能，实行了全天候运行、现代化管理。同时，市中心10个区及部分具备条件的郊区也成立了景观灯光分控中心，实现了与市监控中心的连接。

上海景观灯光已形成了“兼容并蓄、海纳百川、都市风情、雅俗共赏”的特点。每当夜晚华灯齐放时，你会感悟到夜上海的璀璨，大都市的繁荣，充满着现代化的气息，以及夜幕之下生活的浪漫。

（2）加强国际、国内交流与合作

1）正式加入LUCI协会（国际灯光城市协会）。该协会主要成员为城市的政府部门，国际知名的光源、灯具等企业也参加。上海市被推选为技术发展委员会主席。

2）成功举办2001年上海国际夜景照明研讨会。会议于2001年11月13～14日，在复旦大学逸夫楼召开，主题为“新世纪照明与人类发展在同一节奏中前进”。

3）积极参加与国内各城市间的学术和工作交流。上海市照明学会代表上海参加了北京、上海、天津和重庆4直辖市照明学会联谊会与长三角照明学会联谊会，每年举行学术交流及推进绿色照明工程的工作交流。

（3）制定道路照明规范，提高城市灯光设计管理水平

1）制定规范、提高城市景观灯光设计、管理水平。由上海市容环境管理局组织，上海市照明学会负责编制了《城市环境（装饰）照明规范》DB31/T316-2004，由上海市技术监督局发布，2004年4月1日起实施。

2）推进景观照明节能工作。2005年3月，市容环境管理局灯光广告处组织，上海市照明学会负责，由区灯光办及一些大公司组成了项目组，对浦西外滩22幢及浦东陆家嘴地区21幢建筑外观照明现状进行了实地勘踏与测量，找出存在问题，提

出改进意见和措施，为今后几年的节能改造提供了详实可行的方案。

(4) 政府主管部门抓示范工程

1) 东方明珠广播电视塔外观灯光节能改造

2002年底，委托法国西铁卢灯光设计公司设计，上海市容环境管理局组织专家对改造方案完善后，由上海交技发展有限公司负责制作和安装。"上海城市之光"灯光设计有限公司负责系统集成，2003年10月1日正式完工亮灯。

改造后的方案是将球体上原有150W光纤照明系统更换为50W的LED照明系统，使球体用电直接节约70%以上，而且照明效果更为生动。

2) 淮海路景观灯光节能改造

对35座跨街灯饰进行节能改造，用5W冷阴极荧光灯代替40W、25W的白炽灯。每年可节电约100000kWh，现用电量为原来的10%。

3) 淮海公园景观灯光风光互补供电系统改造

景观灯光风光互补供电系统改造负载为21盏景观灯，总功率为1260W。该系统可连续10天，在无风和无阳光的气候下正常运行，需要时能自动转入城市电网供电。

2.《全国城市绿色照明工程"十一五"实施纲要》概况

第十一个五年计划（2006~2010）是中国全面建设小康社会的关键时期，也是推进城市绿色照明事业的极好机遇。建设部制定了《全国城市绿色照明工程"十一五"实施纲要》。

(1) 指导思想

以"科学发展观"统领全局，认真贯彻落实节约资源和保护环境的基本国策。坚持以人为本，坚持以经济建设为中心，以高效、节能、环保为核心，健全法规，强化管理，构建绿色、健康、人文的城市照明环境。

(2) 主要目标

1) 完善功能照明。城市道路装灯率达100%，公共区域装灯率达95%以上，大城市亮灯率达97%，中小城市达95%。

2）严格执行照明功率密度值标准。《建筑照明设计标准》GB50034-2004规定了室内照明节能标准；《城市道路照明设计标准》规定了室外道路的照明节能标准；《城市夜景照明设计标准》规定了室外公共空间的照明节能标准。

3）灯具效率在80%以上的灯具应用率达到85%以上。

4）气体放电灯通过电容补偿后线路功率因数不小于0.85。

5）2008年前，完成城市照明专项规划编制“城市照明专项规划”的标准，它对规划的内容、范畴、深度等将作出规定。

6）以2005年底为基数，年城市照明节电目标为5%，5年（2006~2010年）累计节电25%。

（3）保障主要目标实现的措施

1）健全法规及标准体系，完善管理机制，强化政策导向。加强光源、灯具、电器等器材的管理。统筹道路照明和景观照明，发挥政府资金的最大功效。充分发挥规划、设计、施工、运行管理各环节的协同作用。

2）完善单位能耗目标责任和考核制度，把绿色照明的节能考核指标，纳入地方政府和党政领导绩效考核内容。

3）开展合同能源管理，形成城市绿色照明节能产业化。利用欧盟、世界银行和GEF这三个国际机构的资金和技术支持，引进、示范和推广“合同能源管理”（EMC）项目。通过EMC方式聘请专业服务机构参与城市照明节能改造（审计、设计、采购、施工、培训、运行、维护、监测等综合性服务），并通过与客户分享节能效益赢利，实现滚动发展和双赢发展。

4）综合运用各种手段，加强政府引导与市场调节的合力。积极完善政府主导、市场推进、公众参与的城市绿色照明机制。

5）增加投入，保障城市绿色照明工程顺利推进，采取多渠道筹措资金的办法（政府、社会）将公共公益性城市照明所需经费，纳入公共财政体系。实行电力附加费的城市，做到专款专用。

6）积极开展国际交流合作。继续加强中国节能认证项目与ELI国际高效照明项目、美国能源之星项目、全球环境基金会、联合国计划开发署等国际组织合作。努力提高中国照明节能工作的技术与管理水平。通过考察访问、学术交流、举办展览、合作研究、出国进修、专题讨论、建设示范工程、合办开发项目等多种途径，拓展国际合作交流领域。通过与外国政府、国际机构，民间团体和企业之间的双边或多边国际合作，最大限度地利用国际资源。

5.2 选择高效电光源和灯具

目前，在道路照明领域还没有一种在光效、光色、寿命、显色性和性价比等方面都完美的电光源，它们的特性各不相同且各有优缺点。因此，在进行照明设计时，应根据实际情况择优选择使用。同时，在照明设计中，应选择既满足使用功能和照明质量的要求，又便于安装维护、长期运行费用低的灯具。

5.2.1 选择高效电光源

电光源的选择应符合下列规定：

（1）快速路、主干路、次干路和支路应采用高压钠灯；

（2）居住区机动车和行人混合交通道路宜采用高压钠灯或小功率金属卤化物灯；

（3）市中心、商业中心等对颜色识别要求较高的机动车交通道路可采用金属卤化物灯；

（4）商业区步行街、居住区人行道路、机动车交通道路两侧人行道可采用小功率金属卤化物灯、细管径荧光灯或紧凑型荧光灯。

（5）道路照明不应采用自镇流高压汞灯和白炽灯。

1. 选用高效电光源

各种光源由光效较高的光源替代后，节电效果和电费节省明显。例如，紧凑型荧光灯替代白炽灯的效果见表5-6，细管荧光灯替代粗管荧光灯的效果见表5-7。

紧凑型荧光灯替代白炽灯的效果 表 5-6

白炽灯（W）	由紧凑型荧光灯替代（W）	节电效果（W）	电费节省（%）
100	25	75	75
60	16	44	73
40	10	30	75

细管荧光灯替代粗管荧光灯的效果 表 5-7

灯管径	镇流器种类	功率（W）	光通量（lm）	光效（lm/W）	替换方式	照度提高（%）	节电率（%）
T12（38mm）	电感式	40	2850	72			
T8 三基色（26mm）	电感式	36	3350	93	T8 替代 T12	17.54	10
T8 三基色（26mm）	电子式	32	3200	100	T8 替代 T12	12.28	20
T5（16mm）	电子式	28	2900	104	T5 替代 T12	1.75	30

（1）使用高压气体放电灯

几种光源的光效、显色指数、色温和平均寿命等技术指标见表 5-8。

几种光源的技术指标 表 5-8

光源种类	光效（lm/W）	显色指数（Ra）	色温（K）	平均寿命（h）
白炽灯	15	100	2800	1000
高压汞灯	50	45	3300 ~ 4300	6000
高压钠灯	100 ~ 200	23/60/85	1950/2200/2500	24000
金属卤化物灯	75 ~ 95	65 ~ 92	3000/4500/5600	6000 ~ 20000
低压钠灯	200		1750	28000

高压钠灯和金属卤化物灯替代高压汞灯节电，替代后的效果如表5-9所示。

高压钠灯和金属卤化物灯替代荧光高压汞灯的效果　　表5-9

灯种	功率（W）	光通量（lm）	光效（lm/W）	寿命（h）	显色指数（Ra）	替换方式（Ra）	照度提高（%）	节电率（%）
荧光高压汞灯	400	22000	55	15000	40			
高压钠灯	250	22000	88	24000	65	1~2	0	37.5
金属卤化物灯	250	19000	76	20000	69	1~3	-13.6	37.5
金属卤化物灯	400	35000	87.5	20000	69	1~4	37.1	0

（2）选用白光源的高强度气体放电灯

很多研究表明，在道路照明中采用白光光源时，在达到同样的视觉亮度的条件下，其要求的照度水平可以比采用黄色光的高压钠灯时低。目前牌号为Cosmo Polis/White、简称Cosmo的光源是道路照明的热门产品。Cosmo光源是飞利浦公司专门为道路照明开发的，它实际上也是一种陶瓷金属卤化物灯，但又不同于一般的陶瓷金属卤化物灯。一般的陶瓷金属卤化物灯的放电管是粗短形的，而Cosmo光源的放电管是细长形的。高压钠灯、金属卤化物灯和Cosmo灯的放电管直径与长度之比分别为1:8、1；1.5和1:5。Cosmo灯的放电管直径与长度比例适合于道路照明灯具。另外，Cosmo灯采用新的PGZ12型卡口灯头/灯座，精确地将光源限制在灯具中要求的光学位置上。由于以上原因，与高压钠灯的灯具相比，Cosmo灯的灯具尺寸小了很多，更加紧凑。其反射器尺寸比较见表5-10。

高压钠灯反射器和 Cosmo 灯反射器尺寸比较　　表 5-10

反射器尺寸	长（mm）	宽（mm）	高（mm）
高压钠灯反射器	240	190	95
Cosmo 灯反射器	145	130	55
相比缩小的比例（%）	40	30	45

对于电光源来说，不仅要有很高的光效，以利于节能；还要求光源是环保的，在灯生产过程中以及寿终后的处理上都不对环境造成污染。Cosmo 灯采用细长形电弧管，其用汞量少了很多，对于 140W 的 Cosmo 白光灯，用汞量只有常规情况的 1/5。还有一种日本松下公司开发的 150W 细长陶瓷金属卤化物灯的用汞量还要少。这是这两种灯的显著优点。表 5-11 列出了松下细长形陶瓷金属卤化物灯与 Cosmo 灯的一些参数。

松下细长形陶瓷金属卤化物灯与 Cosmo 灯的性能对比　　表 5-11

灯种	功率（W）	管压（V）	光效（lm/w）	色温（k）	显色指数	管径（mm）	弧长（mm）
松下细长形陶瓷金属卤化物灯	150	90	125	3800	65	内 4	32
Cosmo 灯	140	94	118	2800	60 ~ 700	外-8	25

目前，Cosmo 灯已经在上海、北京、南京、重庆、深圳、广州等 20 多个城市得到应用。根据专家实地调研，采集了很多数据进行分析，与高压钠灯相比较，在同样照度水平下，Cosmo 灯能在更远距离处达到同样的辨认水平。这就是说，要达到同样的辨认水平，采用 Cosmo 灯时照度水平可以适当降低。另外，在 Cosmo 灯照明之下，人们能更正确地辨认颜色和细节，人的

面色也更自然。因此，道路照明采用Cosmo灯，不仅节电，而且能营造更加友好的城市环境。

（3）开发应用低压钠灯

从表5-8可知，低压钠灯光效最高，同样适合道路照明用，目前国内几乎不生产，可以开发应用。

低压钠灯主要由放电管、外管和灯头组成。放电管由抗钠腐蚀的玻璃管制成，管径为16mm左右，为避免灯管太长，常常弯成U形，封装在一个管状的外玻璃壳中；管内充入钠和氖、氩混合气体，在U形管的外侧每隔一段长度吹制有一个存放钠球的凸出的小窝；放电管的每一端都封接有一个钨丝电极。套在放电管外的是外管，外管通常用普通玻璃制成，管内抽成真空，管内壁涂有氧化铟等透明物质，能将红外线反射回放电管，使放电管温度保持在270℃左右。

低压钠灯是一种低气压蒸气放电灯，其辐射原理是低压钠蒸气中的钠原子辐射，产生的几乎是589nm的单色光，光色呈黄色。由于低压钠灯发出的光集中在光谱光效率高的范围，即其波长与人眼感受最敏感的555nm光的波长最接近，因而发光效率很高。

低压钠灯可以用开路电压较高的漏磁变压器直接点燃，冷态启燃时间约为8～10min；正常工作的低压钠灯电源中断6～15ms不至于熄灭；再启燃时间不足1min。低压钠灯的寿命约为2000～5000h，点燃次数对灯寿命影响大，并要求水平点燃，否则也会影响使用寿命。

基于低压钠灯的特点，这类光源主要用于高速公路、郊外道路、隧道等对光色没有要求的场合，特别是由于低压钠灯的灯管较长，光效又很高，在隧道照明中使用非常合适。另外，在纵向悬索照明方式中，较长的光源更容易获得好的照明效果，低压钠灯在这种场所也很适用。

（4）应用LED灯和太阳能灯

LED路灯作为城市的示范工程，已经有试点在运行中。

LED 路灯的光效如表 5-12 所示。

LED 路灯的光效 **表 5-12**

光效等级	初始光效（lm/W）	
	RR/RZ	EL/RB/RN/RD
Ⅰ	75	70
Ⅱ	60	55
Ⅲ	50	45

1）南京工业大学科技楼应用 LED 灯照明

①玻璃幕墙框架照明。原来采用高压气体放电灯泛光照明，需要功率 31.5kW，采用 T8 荧光灯内光外透照明需要功 19.5kW，而采用 LED 线条灯具只需要 8.2kW。在 LED 灯具内设置多组集成块电子元件，使 48 组 144 粒 LED 发光管组成 4 个基本像素矩阵区域，采用智能控制，实现多样变化。与传统照明相比较，每天工作 10h，年节电 136875kWh，且光线柔和，色彩丰富，动态变化效果好。

②企业标识（LOGO）照明。采用传统外打光需要 5.5 kW，采用 LED 灌封内透照明方式只需要 0.58 kW。将大楼顶部 3 套企业标识 LOGO 照明灯具替换为 LED，将 LED 发光管按一定间距排布定位，形式立体发光体，强度高，抗冲击，耐腐蚀，而且通体发光，均匀度好，立体感强，夜间可视矩达 10km 以上。它可在 -30 ~ 60℃ 环境下工作，采用 24V 恒流源驱动系统，运行可靠，每天工作 10 h 年节电 17958kWh，节电率为 80%。

2）无锡市陆马公路太阳能路灯示范工程

无锡市陆马公路太阳能路灯示范工程借助了无锡尚德的太阳能光伏技术。太阳能路灯组成：太阳能电池板、太阳能控制器、蓄电池组、光源、灯杆、灯具外壳。如输出电源为交流 220V 或 110V，还要配置逆变器。路灯双侧对称布置，间距 28m，灯具离地高 9.5m，灯杆高 10m，挑臂 2m，灯杆及太阳能电池组件支架有足够的机械强度，能承受12级以上风载荷。灯杆有良好的防雷接地措施，接地电阻小于10Ω。灯具为120W LED，采用了离网光伏独立供电。节能控制采用了上半夜全功率运行，下半夜降功率运行。收到了太阳能路灯节电和控制节电的双重效果。

2. 十城万盏LED灯计划

2009年我国政府开展了“十城万盏”LED灯照明普及和节能活动。2010年已经明确全国21座城市LED照明灯要超过一万盏，其中，路灯和24h连续使用的隧道成为首先替换的重点项目，北京、上海、广州、深圳的地铁已经启动普及LED灯节能项目。

（1）LED灯的特点

目前，LED在道路灯具中使用的最普遍形式主要有两类，一类是采用传统的道路灯具外壳，只是在灯具内，在一个几乎是平板的安装面（也是反光面）上，装上了矩阵式的LED，这种设计方式是不可能得到良好的灯具配光的；另一类是把多个LED集成在一个圆形的区域内（区域直径大约为30~40mm），使这一小区域的光输出密度接近高强度气体放电灯，再利用灯具反射器进行配光，但这种设计方式的灯具分布光度也不会优于传统的道路灯具，并且由于在一个很小的区域内集成了高密度的LED，使LED的散热情况明显不良，不仅影响到LED的发光效率，而且也往往影响到LED的使用寿命。

照明用LED灯的最大特点是具有定向发射光的功能，因为目前功率型LED灯几乎都装有反射器，并且这种反射器的效率都明显高于灯具的反射器效率。另外，LED灯的光效检测时已经包括了自身反射器的效率。采用LED灯的道路灯具应尽可能地利用LED灯的定向发射光的特性，使道路灯具中的各个LED灯分别直接把光线射向被照路面的各个区域，再利用灯具反射器的辅助配光，来实现合理的道路灯具的综合配光。应该说，道路灯具要真正做到符合CJJ 45—2006、CIE 31以及CIE 115标准的照度和照度均匀度要求，灯具内应包含三次配光的功能才能比较好地实现。而带反射器并且具有合理的光束输出角度的LED灯本身就具有良好的一次配光功能。在灯具内，能按照路灯灯具高度及路面宽度设计各个LED灯的安装位置和发射光的方向就能实现良好的二次配光功能。在此类灯具中的反射器，只作为辅助的三次配光手段，来保证道路照度更好的均匀度。

由上海市照明学会组织的对山东省威海市次干道采用LED光源道路灯具的试验道路段的验收，这一试验道路的灯具及布局就是采用上述原理设计的。从现场的实测结果来看，这一试验路段正是充分利用了LED灯合适的定向发光功能，并采用了三次配光方式，不仅使次干道道路的照度和道路路面的照度均匀度达到了国家标准的要求，而且在灯具的主要照明方向上，也防止了此区域的局部的过度照明。由于充分利用了LED灯的特点，并用合理的配光方式充分地利用了LED灯的光输出，从而弥补了LED灯本身光效不如HID光源的不足，使整个道路单位面积在达到标准要求的前提下，其能耗仅为采用高压钠灯道路灯具的原照明设计的能耗的70 %左右，取得了明显的节能效果。

目前，各级政府都大力推行节能减排，在室内照明中，已经强制执行照明功率密度（*LPD*）的限值。我国的道路照明节能认证的技术标准《道路照明灯具节能认证技术要求》提出了道路照明功率密度（*LPD*）的考核要求，其核心部分是在满足道路路面的照度和照度均匀度的前提下，尽可能地降低照明功率密度（单位为W/m^2），从而达到节能的目的。上述采用LED灯的道路灯具的设计思路正是迎合了《道路照明灯具节能认证技术要求》考核要求。目前加拿大政府已经按道路照明功率密度（*LPD*）的要求，推行其道路照明节能工作，估计在不远的将来会有更多的国家按LED灯的要求推行其道路照明节能工作。

在实际的道路照明灯具的设计中，可采用在基本设定每一个LED灯投射方向的前提下，把每一个LED灯用球形万向节固定在灯具上，当灯具使用于不同的高度和照射宽度时，可通过调整球形万向节使每一个 LED 灯的照射方向都达到满意的结果。在确定每一个 LED 灯的功率、光束输出角度时，分别计算出各 LED 灯在基本选定光束输出角度时应该具备的功率，并且可以通过调整各 LED 灯的功率以及 LED 灯驱动电路，输出给每一个 LED 灯不同的功率，来使每一个 LED 灯的光输出都达到预计值。这些调整手段都是采用 LED 灯光源的道路灯具所特有的，充分利用这些特点就能实现在满足道路路面的照度和照度均匀度的前提下降低照明功率密度，达到节能的目的。

（2）LED 的散热工况和 IP 防护

散热是 LED 路灯要重点解决的问题。LED 是冷光源，不像白炽灯那样产生灼热的高温，但是，LED 本身的耐温能力比较差，因此不耐高温，而且发光效率会随芯片温度的升高而降低，散热变成 LED 路灯的首要考虑。所以必须将 LED 工作时产生的热量有效地散发到空气中，以保证 LED 光源芯片工作在安全的温度环境下，这样 LED 灯才能真正体现出寿命长的优势。

首先就要解决高功率 LED 路灯照明光源的封装难题，如何能将数十至上百瓦的热量耗散是关键。而要达到此目标，必须能有效降低单一 LED 封装的热阻值。目前先进的封装技术已有突破，基本上能满足 LED 路灯照明光源的要求。

LED 的工况和散热直接关系其发光效率和使用寿命。又因为在户外使用的道路灯具，应具有一定等级的防尘防水功能（IP），良好的 IP 防护往往会妨碍 LED 的散热。解决这个相互矛盾但又都得解决的两个问题是道路灯具设计时应关注的一个重要方面。在这一方面也是国内把 LED 应用于道路灯具时出现不合格及不合理的情况时最多的。国内目前使用中出现的不合格及不合理的情况有：

1）对 LED 采用了散热器，但 LED 连线的接线端子及散热器的设计无法达到 IP45 及以上等级，无法满足 GB7000. 5P 标准的要求。

2）采用普通的道路灯具外壳，在灯具出光面内用矩阵式

LED，这种设计虽然能满足 IP 试验，但是由于灯具内不通风造成在工作时，灯具内腔的温度会升高到 50 ～ 80 ℃，在如此高的工况下，LED 的发光效率是不可能高的，同时 LED 的使用寿命也将大打折扣。

3）在灯具内采用了仪表风扇对 LED 及散热器进行散热，其进风口设计在灯具的下方，以避免雨水的进入，出风口设计在下射 LED 光源的四周。这样也能有效避免雨水的进入，另外散热器和 LED 光源腔不处于同一空腔内，这种设计如果做得好，按灯具的 IP 试验要求，能顺利通过。

要兼顾道路灯具中 LED 的散热及 IP 防护，较合理的设计有：

1）关键的散热位置采用导热板。导热板是在金属板的内部均布有供冷媒体流动的细导管，并在细导管内充有冷媒体，当导热板的某一部位受热时，细导管内的冷媒体会快速流动而使热量迅速地传导。好的导热板的热传导系数可以达到同厚度铜材板的 8 ~12 倍，虽然价格较高，但如在关键部位使用，对 LED 的散热将起到良好的作用。

2）灯具的外壳设计成散热器状。目前大部分的道路灯具外壳是铝材的，直接利用灯具外壳表面作为散热器，既可以保证 IP 防护等级的要求，也可以得到很大的散热面积。另外，灯具外壳组成的散热器在有落尘时，可以通过自然的风雨而冲洗，从而可保证散热器工作的持续有效性。

（3）LED 驱动电路的效率和输出特性

LED 对驱动电路的要求是能保证恒流输出的特性，因为 LED 正向工作时结电压相对变化区域很小，所以保证了 LED 驱动电流的恒定，也就基本保证了 LED 输出功率的恒定。对于我国电源电压的现状，道路灯具 LED 的驱动电路具有恒流输出特性是十分必要的，可保证光输出恒定并且防止 LED 的超功率运行。要想使 LED 驱动电路呈现恒流特性，从驱动电路的输出端向内看，其输出内阻抗一定是高的。工作时，负载电流也同样通过这一输出内阻抗，如果驱动电路由降压、整流滤波后加在其上必定也消耗很大的有功功率，所以这两类驱动电路在基本满足恒流输出的前提下，效率是不可能高的。

正确的设计方案是采用有源电子开关电路或采用高频电流来驱动 LED，采用上述方案可以使驱动电路在保持良好的恒流输出特性的前提下，仍具有很高的转换效率。

（4）LED 灯示范工程

2003 年以来，LED 路灯的示范工程在各国展开，包括荷兰、英国、加拿大、美国以及中国等。目前，LED 城市照明系统已先后在加拿大多伦多、美国奥斯丁等城市得到应用。由天津工业大学半导体照明工程研发中心、美国科锐公司和天津开发区共同建设的我国 LED 城市照明工程，2008 年在天津开发区正式启动。而山东省潍坊市从 2006 年 10 月起，陆续在该市安装 LED 路灯，目前已经安装了两万多盏；广东省也建成 LED 路灯照明示范工程。依据 LED 行业 2008 年 1 月的统计，2008 年度全球 LED 路灯照明市场规模超过 90 万具。2008 年全球 LED 路灯产值约为 10 亿美元。另外，2008～2012 年，全球 LED 路灯产值的年复合成长率将达 15%，这说明未来全球各地 LED 路灯市场颇具潜力。

节能、环保的半导体照明，是缓解我国能源紧张的有效途径之一，半导体照明将有广泛的应用和产业发展前景。经过进一步的研究与开发，LED 作为绿色、节能、长寿的新一代照明和显示器件中的光源，将在不太长的时间内大规模地替代传统光源，已成为世界各国科技界和产业界的共识。

我国已将“高效节能、长寿命的半导体照明产品”列入照明光源中长期技术发展规划的重点领域，先后建立了上海、深圳、厦门、南昌、大连、天津、石家庄、扬州等多个国家级 LED 产业化基地，计划在“十一五”期间解决功率型白光 LED 产品 100lm/W 的产业化生产技术。目前，全国能生产大功率 LED 道路照明灯具的企业有上百家，单灯功率已超过 200W。国内许多城市都在对 LED 路灯的使用进行示范路段的尝试，少部分城市开始推广应用。

1）南京市 LED 路灯的应用

2008 年初，科技部、信息产业部、发改委、建设部 4 部委对“LED 路灯应用于城市道路照明”课题进行了调研和座谈，会上针对较大的意见分歧给出了“全面展开试点，取得准确数据”的指导意见。南京市组织了相关试验。

参加试验的有深圳、南京、西安等地的 6 家 LED 道路照明灯具生产厂家，提供试验的灯具为功率在 150W 左右的 LED 路灯，选择在南京市泰山路（路宽 36m、中心对称布灯方式、杆高 10m、间距 34m、原安装 250W 高压钠灯）进行实地道路照明试验，每个厂家提供 4 套产品，安装在连续两杆的双灯头上。泰山路位于南京河西新城，道路两边干扰光线较少，测量数据均测自安装同型号 LED 路灯的两杆间，这样取得的参数能够反映 LED 路灯的实际照明情况。现场安装初期及使用 40d 后分别进行测量，测试数据统计结果见表 5-13 和表 5-14。

南京市泰山路 LED 灯测试数据（安装初期）　　表 5-13

编号	杆号	平均照度 E（lx）	照度均匀度 U_E	照度环境比 SR_E	平均亮度 L（cd/m²）	亮度均匀度 U_L	亮度环境比 SR_L	厂家地址	功率（W）
1	4－5	18.3	0.63	0.74	1.2	0.66	0.69	深圳	168
2	8－9	20.7	0.36	0.56	1.3	0.44	0.61	南京 1	120
3	13－14	24.3	0.47	0.53	1.3	0.53	0.55	东莞	140
4	15－16	19.0	0.34	0.69	1.1	0.37	0.68	山西	160
5	23－24	18.8	0.50	0.60	1.1	0.53	0.59	西安	160
6	25－26	13.7	0.56	0.67	0.8	0.60	0.68	南京 2	155
7	33－34	35.0	0.56	0.86	1.9	0.53	0.78	原路灯	高压钠灯 250

南京市泰山路 LED 灯测试数据（安装使用 40d 后） **表 5-14**

编号	杆号	平均照度 E（lx）	照度均匀度 U_E	照度环境比 SR_E	平均亮度 L（cd/m^2）	亮度均匀度 U_L	亮度环境比 SR_L	厂家地址	功率（W）
1	4-5	19.2	0.60	0.74	1.2	0.66	0.69	深圳	168
2	8-9	20.5	0.37	0.56	1.3	0.43	0.61	南京 1	120
3	13-14	25.2	0.45	0.53	1.4	0.49	0.55	东莞	140
4	15-16	19.1	0.34	0.69	1.1	0.37	0.68	山西	160
5	23-24	18.9	0.50	0.60	1.1	0.52	0.59	西安	160
6	25-26	13.5	0.56	0.67	0.7	0.63	0.68	南京 2	155
7	33-34	35.0	0.56	0.86	1.9	0.53	0.78	原路灯	高压钠灯 250

本次试验表明，LED 路灯的光电参数在使用 40d 后衰减很小，部分还有上升，说明 LED 技术水平、光效、寿命正飞速发展，但 5~10 万 h 的寿命是指 LED 光源芯片实验室数据的理论测算，不是实际检验结果，也不是 LED 路灯整体的使用寿命。LED 光源和其驱动均为电子元器件，在条件恶劣的室外光线、温度、雨雪、振动、灰尘、雷电及线路故障等不利因素的作用下，其实际寿命肯定缩短，具体情况需要进一步跟踪。

目前，国外 LED 光源在功能照明中的运用也处于试验阶段，并没有大面积的推广，他们注重相关应用技术的研发，通过取得知识产权保护来获取高额利润。我国也应该在芯片生产、灯具配光、传导散热、电力电子驱动技术、无极调光节能技术等方面进行技术研究，待取得突破后再推广运用。同时，目前的数据以理论和实验室数据为多，需进一步通过试验取得实际使用数据。

LED 光源是一种节能、环保、长寿的新型光源，它将避免人们正遇到的能源短缺、环境破坏等问题，必将成为照明发展方向。现阶段应加强相关的研究，并在一定范围内试用，进一步吃透LED新光源的相关技术，摸清使用和维护的下一步问题，掌握全部情况，破解相关难题。同时，LED光源在功能照明领域还属于导入期，投资较传统光源（高压钠灯）还较高，大功率LED路灯的光效还远低于高压钠灯而无节能的优势，很多相关技术还要摸索，LED在城市道路的功能照明中不宜立刻大面积推广。

2）上海东方明珠LED照明工程

在欧洲和美洲，有很多城市制定了强制性的景观灯光限制，主要是考虑到节能和环保，目前巴黎艾菲尔铁塔，墨西哥、摩洛哥的一批标志性建筑都已经进行了景观灯光改造。

上海外滩东方明珠塔共有576个光导点，改造前，每个光导点耗电量为200W，改造后，每个光导点的耗电量下降为70W，单是这一项改造便节约了65%的耗电量，加上控制系统和其他泛光灯具的改进，初步匡算比原先节省了近75%的用电量。

图5-1　东方明珠LED照明工程
（图片来源：LED照明网）

上海东方明珠电视塔大小球体上的点点星光不但更加明亮，而且色彩还能不断变幻。东方明珠此番“变脸”使耗电功率降低了100多kW。这种形如豆芽的LED灯爬上了电视塔的大小球体。这种“小豆芽灯”就是LED半导体发光器件，可通过红、黄、蓝三基色的灯调配出几十万种颜色。它的寿命很长，关键是它很省电，同样的照明效果可以比传统光源节电70%左右。东方明珠大小球体576个发光点使用LED后，其发光体的直径达到篮球场横截面那么大，东方明珠每晚省下来的这些电，可供800多户居民每天使用4h。东方明珠LED照明工程如图5-1所示。

3）上海世博会LED照明示范项目

中国2010年上海世博会有三项半导体照明示范工程：一是世博永久性建筑主题馆LED全彩显示屏；二是世博永久性建筑世博中心400m^{2}大型通透式LED显示屏；三是世博中心8000m外立面LED泛光照明及景观系统。在整个世博园区，60%～70%的灯都采用LED照明。2010上海世博会期间，世博园区内所有的景观灯光都使用LED，而大多数照明路灯、指示灯也使用LED。LED照明占到世博园区总照明的7成以上，LED在一个区域内如此大规模、密集地使用，在全球尚属首次。

此外，为了让LED技术可以尽快地点亮大街小巷，展会期间还举行了“LED路灯评比大赛”。路灯评比大赛共有来自中国各地的72盏LED路灯参展，主要从照度、均匀度、功率3个方面进行评比。

上海世博会的整个园区成为LED照明技术的集中展示地，从“一轴四馆”到其他重要场馆都大范围应用LED照明设备。其中，既有近年来逐渐成熟的户外景观照明、大屏幕显示等LED运用领域，也有一些最新的高、精、尖产品和应用方案展示在世人面前。例如，台湾馆的天灯内部装置一座LED大球体，亮丽的外部日夜展演不同风貌。球体内部尚有全天域剧场表演台湾自然、人文特色。亮眼的天灯象征着台湾的心在上海世博会中发光发热。台湾馆的展演主题为“自然心灵城市”，建筑外观以天灯造型搭配山水作为表现，如图5-2所示。图5-3为2010年上海世界博览会“阳光谷”采用LED灯照明。LED点亮世博主题馆。白色LED光源在茶色的玻璃上照射出淡淡的涟漪，美轮美奂的景象在2010年上海世博会的世博主题馆上演。世博主题馆南立面上的玻璃窗格将被2300多盏LED“洗墙灯”照亮，如图5-4所示。

图 5-2　上海世博会台湾馆 LED 天灯

图 5-3　上海世博会阳光谷 LED 灯光

图 5-4　上海世博会主题馆

图 5-5　中国馆 LED 灯光

节能环保的 LED 照明解决方案帮助上海 2010 年世博会办成一届绿色环保盛会。通过 1878 年巴黎世博会，爱迪生发明钨丝制作的白炽电灯开始走进千家万户，造福人类。此次上海世博会所倡导的 LED 照明可能又是一次革命，通过新的 LED 照明技术，来改变人们的生活和地球的环境，LED 灯光的应用与上海世博会的理念不谋而合。图 5-5 和图 5-6 分别为 2010 年上海世博会中国馆和世博轴的 LED 灯光实景[①]，千变万化的 LED 灯光投身在洁白的索膜结构上，上演了一场幻彩灯光秀。

图 5-6　世博轴 LED 灯光

5.2.2　选择高效率灯具

在夜晚，道路灯具成为城市照明功能的主体。城市道路、广场、建筑物外部空间因为灯具的照明而有了生机和活力，使道路灯具在白天所具有的一些景观特征在夜间得以延续；另一方面，灯具所营造的人工光环境，也正是灯具功能的景观特征。

城市的形成和扩展一直是以其日益复杂的道路交通系统为框架和骨干的，而作为重要功能性基础设施的道路灯具也随之延伸到城市的各个区域。可以根据不同的道路性质、道路宽度、道路功能，选择不同的布灯间距、布灯高度；根据需要在不同的道路，或在同一条道路的不同区域选择不同形式的灯具。

1. 灯具选择

灯具选择的原则是：选用配光合理的灯具，选用高效率的灯具，选用光利用系数高的灯具，选用高光通量维持率的灯具，

---

① 图 5－2～图 5－6 均来自东方 LED 网——上海世博会 LED 灯光之家特辑。

尽可能选用不带光学附件的灯具。

（1）机动车道路照明灯具选择

机动车道照明应采用符合下列规定的功能性灯具：

1）快速路、主干路必须采用截光型或半截光型灯具；

2）次干路应采用半截光型灯具；

3）支路宜采用半截光型灯具。

（2）非机动车道路照明灯具选择

商业区步行街、人行道路、人行地道、人行天桥以及有必要单独设灯的非机动车道宜采用功能性和装饰性相结合的灯具。当采用装饰性灯具时，其上射光通比不应大于25%，且机械强度应符合现行国家标准《灯具一般安全要求与实验》GB 7000.1的规定。

采用高杆照明时，应根据场所的特点，选择具有合适功率和光分布的泛光灯或截光型灯具。

采用密闭式道路照明灯具时，光源腔的防护等级不应低于IP54。环境污染严重、维护困难的道路和场所，光源腔的防护等级不应低于IP65。灯具电器腔的防护等级不应低于IP43。

空气中酸碱等腐蚀性气体含量高的地区或场所宜采用耐腐蚀性能好的灯具。

通行机动车的大型桥梁等易发生强烈振动的场所，采用的灯具应符合现行国家标准《灯具一般安全要求与实验》GB 7000.1所规定的防振要求。

2. 灯具附属装置的选择

道路照明中广泛使用的高强度气体放电灯的附属装置主要有镇流器和触发器。

高强度气体放电灯配用的镇流器，功率较大的光源可配用节能型电感镇流器，功率较小的光源可配用电子镇流器。

高强度气体放电灯的触发器、镇流器与光源的安装距离应符合产品的要求。

3. 道路照明灯具节能实例

上海市路灯管理所市区所与同济大学合作，为150W金属卤化物灯设计了高效灯具。一是选用纯铝浇铸成反射罩壳体，反射面采用真空溅镀镜面镀复技术，可提高光能效率60%，最大限度地将光能反射发散出去；二是进行精密的光学设计，将一个抛物面切割成200多个小方块反射镜，每个小反射镜都有不同的曲率与角度，能有效地控制和收聚上射光和眩光，并通过反射和调整来重新合理分配光线；三是利用反射来分散减弱强光，通过多重反射技术对光源进行科学合理的分布，能在地面形成均匀理想的整体式光域，获得最佳的光分布效果。

经过反复试验与对比，150W陶瓷金属卤化物灯采用高效灯具，与目前常用的250W高压钠灯及灯具，在道路照明中进行对比试验，测试的各项指标见表5-15。

高压钠灯及灯具与陶瓷金属卤化物灯及高效灯具指标对比

表5-15

项　目	高压钠灯及灯具	金属卤化物灯及高效灯具	备　注
功率（W）	250	150	
消耗功率（W）	300	180	镇流器实际消耗功率20%
平均照度（lx）	21.7	25.5	均经过20000h光衰期
均匀度	0.18	0.4	
灯泡使用寿命（h）	10000	10000	
年点灯时间（h）	4142	4142	按上海路灯开灯时间统计
年耗电（kWh）	1035.5	621.3	
电费（元/kWh）	0.4	0.4	
使用电费（元/年）	414.2	248.52	
灯管年维修率	0.41	0.35	
单灯管费用	80	180	

续表

项　　目	高压钠灯及灯具	金属卤化物灯及高效灯具	备　　注
年灯管维护费用	33.136	62.13	
运行成本（元/年）	447.336	310.65	
节省金额（元/年）	136.686		
节省率（%）	31		

从表5-15可以看出，采用高效灯具的150W陶瓷金属卤化物灯比采用普通灯具的250W高压钠灯，节电31%。

5.2.3 DSM照明节电示范项目

2001年，国家经贸委与联合国开发计划署（UNDP）和全球环境基金会（GEF）共同实施了"中国绿色照明工程促进项目"，目的是通过发展和推广效率高、寿命长、安全和性能稳定的照明电器产品，逐步替代传统的低效照明电器产品，节约照明用电，改善人们的工作、学习、生活条件和质量，建立一个优质高效、经济、舒适、安全，并充分体现现代文明的照明环境。

"DSM照明节电示范项目"是中国政府与联合国开发计划署共同签署的"中国绿色照明工程促进项目"中的一个子项目，是在国家发改委环境资源司的支持和中国绿色照明工程促进项目办公室的指导下首次采用市场化运作，由市场配置节电资源的DSM节电工程示范项目。该项目于2003年7月在上海市和河北省2个示范地区正式启动，由上海市节能监察中心、上海市电力公司、河北省DSM指导中心和河北省电力公司进行具体操作。

1. 项目方案

项目在示范区的照明工程中，用高效电光源更换或替代原来的光源，选择使用高效灯具。

（1）推广的高效照明产品种类

自镇流荧光灯、双端荧光灯、高压钠灯、金属卤化物灯和双端荧光灯电子镇流器。

（2）推广的高效照明产品能效标准

电光源的初始光效不低于国标的节能评价值，电子镇流器的能效因数不低于国家标准的节能评价值，优先采用经国家质检部门节能认证的高效节电产品。

（3）安装方式和比较基准

以高效自镇流荧光灯替代普通白炽灯和以高效自镇流荧光灯更换普通自镇流荧光灯；以高效双端荧光灯更换普通双端荧光灯；以高效高压钠灯替代普通高压汞灯，以高效金属卤化物灯替代普通高压汞灯；以电子镇流器替代普通电感镇流器。

（4）用户结构

根据照明用电方式和电价制度，将参与用户分为工业企业、商业服务业、公用事业和居民用户4类，其中参与DSM照明节电示范项目的工业企业、商业服务业和公共事业单位有78家。

（5）安装数量

灯共682667盏，安装功率14486.87kW。

2. 项目验收评估

2004年10月，由DSM照明节电项目办主持，组织由国内外评估专家组成的专家小组对2个示范地区分别进行了验收评估。

（1）节电效益

终端寿期节电量见表5-16；寿期可避免电量见表5-17；可避免峰荷见表5-18。

从表5-16～表5-18来看，贡献率最大的是公用事业，这主要是由于城市的道路照明和景观照明采用了高效电光源和高效灯具，即以高效高压钠灯或高效金属卤化物灯替代普通高压汞灯；以电子镇流器替代普通电感镇流器。

终端寿期节电量表 表 5-16

项目	自镇流荧光灯（MWh）			双端荧光灯（MWh）	高压钠灯（MWh）	金属卤化物灯（MWh）	电子镇流器（MWh）	节电量（GWh）
	小计	替代	更换	更换	替代	替代	替代	
工业企业	14720.35	14378.14	342.21	592.67	1315.79	123.42		16.75
商业服务业	14113.67	3842.72	270.95	994.50		478.57		5.59
公用事业	29996.86	29189.21	807.65	2360.04	28282.83	122.22	5402.66	66.17
居民用户	13251.79	13251.79						13.25
合计	62082.67	60661.86	1420.81	3947.21	29598.62	724.21	5402.66	101.76

寿期可避免电量表 表 5-17

项目	自镇流荧光灯（MWh）			双端荧光灯（MWh）	高压钠灯（MWh）	金属卤化物灯（MWh）	电子镇流器（MWh）	总电量（GWh）
	小计	替代	更换	更换	替代	替代	替代	
工业企业	17148.59	16749.93	398.66	690.44	1532.84	143.78		19.51
商业服务业	4792.24	4476.60	315.64	1158.55		557.52		6.51
公用事业	34945.09	34004.20	940.89	2749.35	32948.31	142.38	6293.87	77.08
居民用户	15437.78	15437.78						15.44
合计	72323.70	70668.51	1655.19	4598.34	34481.15	843.68	6293.87	118.54

可避免峰荷表 **表 5-18**

项目	自镇流荧光灯（MWh）			双端荧光灯（kW）	高压钠灯（kW）	金属卤化物灯（kW）	电子镇流器（kW）	总负荷（MW）
	小计	替代	更换	更换	替代	替代	替代	
工业企业	2546.22	2487.03	59.19	102.52	113.80	15.25		2.78
商业服务业	711.56	664.69	46.87	172.02		59.13		0.94
公用事业	5188.63	5048.93	139.70	408.23	2446.08	15.10	311.50	8.37
居民用户	2292.20	2292.20						2.29
合计	10738.61	10492.85	245.76	682.77	2559.88	89.48	311.50	14.38

（2）经济效益

参与项目评估的照明功率为 14227.3kW，占安装功率（144868.87kW）的98%，从评估结果来看，用户参与照明节电的经济效益最显著，如表5-19 所示。

DSM 项目的经济评估显示：用户在寿命周期内平均可避免成本达0.707 元/kWh，其中包括可避免电价（项目照明节电的平均电价）0.676 元/kWh，和项目的激励成本 0.031 元/kWh；寿命周期内平均节电成本只有0.037 元/kWh，平均可避免成本是它的19.11 倍，寿期节省用电开支达68165 千元。

（3）环境效益

寿命周期内节能量是寿命周期内节约的发电燃煤量，约为58100t，寿命周期内 CO_{2-C}的减排量为35600 t，SO_2 的减排量为1126t，NO_X 的减排量为948 t。

终端节电的经济效益　　表 5-19

项目	自镇流荧光灯		双端荧光灯	高压钠灯	金属卤化物灯	电子镇流器	平均	总计
	替代	更换	更换	替代	替代	替代		
益本比	19.00	12.04	20.00	218.00	94.13	3.78	19.11	
可避免成本（元/kWh）	0.703	1.072	0.960	0.654	0.735	0.827	0.707	
节电成（元/kWh）	0.037	0.089	0.043	0.003	0.008	0.219	0.037	
节省用电开支（千元）	40413	1406	3252	19270	539	3285		68165
偿还期限（月）	1.82	1.50	0.89	0.46	0.24	16.32	1.87	

5.3 照明控制技术

目前，世界范围内能源日益枯竭，而在电能生产过程中又会对环境造成污染，选择合适的照明控制方式既是实现照明艺术性和舒适性的有效手段，也是节能能源的有效措施。

城市各类交通道路根据不同时段的照明需求，提供相应的照明水平，是城市道路照明的基本要求。目前，在部分城市的部分道路上，采取在下半夜对路灯“亮一关一”或“亮一关二”的半夜灯方案，依靠关闭部分光源来节能。这只是半夜灯方案中的权宜之计，按照这种方法处理，在下半夜，减少了路面的亮度、照度，也使路面照度均匀度、亮度均匀度下降，不利于维护公共交通安全和社会治安。

使用恰当的控制方式，也就是采用先进控制系统和策略，可以在提供各类道路照明水平的同时，节约电能。

采用先进控制系统和策略的节能潜力基于两个方面：

（1）通常晚间电网电压高于额定电压，至使灯具超功率运行，不仅亮度超标，而且缩短了灯具使用寿命；

（2）由于23:00以后的路灯照明需求急剧减少，可以适当降低亮度水平（符合照明标准规定和要求的亮度），通过对路灯进行适当的稳压调压控制，可以节约更多的能源，同时延长灯具的使用寿命。

5.3.1 道路照明节能调光控制

根据人体视觉对光线适应的理论，人眼对光线的感觉与光线成对数关系，即光线降低10%，而人的视觉仅降低1%，因此适当降低光源的光通量并不影响人的视觉。

城市道路常规照明的灯具布置一般采用间隔一定距离的道路双侧交错布置、双侧对称布置，一般采用高压钠灯作为光源。高压钠灯在正常工作条件下，进入正常工作状态前的整个启动过程需要4～8min；工作在弧光放电状态时，为负斜率的伏安特性曲线，电源电压的波动将引起灯具电参数的变化。电源电压上升将引起灯具工作电流增大，工作电压和功率增加，造成灯寿命下降；电源电压降低，灯的发光效率下降，严重时可能造成灯具不能启动或自行熄灭。

高压钠灯正常启动工作后，将灯具电压降至190V，甚至180V，高压钠灯都不会熄灭，因此，高压钠灯可以实施降压供电。在工程实际中，经实验测量，当高压钠灯电压超过额定值的10%时，光源寿命缩短为50%；电压在额定电压220V附近小范围下降时，比如降低10%，其功率以平方关系快速下降，此时灯具的照度也成比例的降低。在高压钠灯工作时，电源电压的波动不宜过大，电源电压的最优选择与控制是照明节能最有效的途径。高压钠灯功耗、照度、寿命与电压的关系见图5-7的曲线 。

1. 道路照明控制方式

道路照明控制可分为开关控制和调光控制两类。调光控制

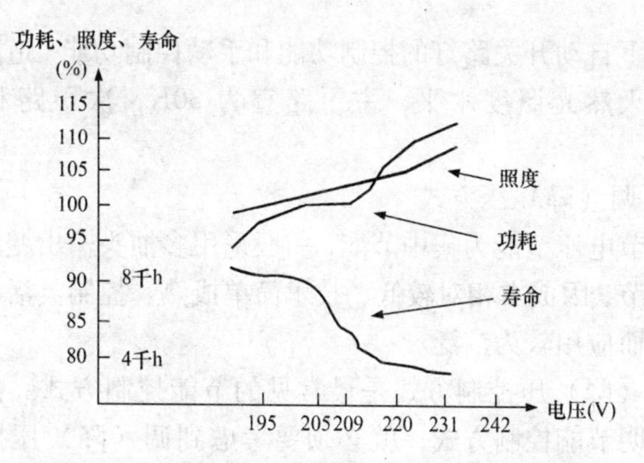

图5-7 高压钠灯功耗、照度、寿命与电压的关系

又包括连续的调光控制和不连续的调光控制。连续的调光控制是指被控光源的光通量可连续变化，而不连续的调光控制是指被控光源的光通只能在若干固定的预设值之间变化。正确合理地选择照明控制方式是最经济的方式，也是实施照明节能的最有效途径。

通常，一般的照明节能控制（也称照明调光）手段有以下几种：

(1) 调（降）压方式；

(2) 降（限）流方式；

(3) 移相控制（Phase Cutting）方式；

(4) 其他方式，如电容无功补偿、电子镇流器等。

比较理想的控制方式是在下半夜降低加在灯具上的电压，同步降低光源的光通量，即将路灯的光通量都减小到相同的水平，既保证了道路照明的功能性（路面平均亮度、路面亮度均匀度、平均水平照度），又节能。

道路照明应根据所在地区的地理位置和季节变化合理确定开关灯时间，并应根据天空亮度变化进行必要修正。宜采用光控和时控相结合的控制方式。

道路照明采用集中遥控系统时，其终端应具有在通信中断的情况下自动开关路灯的控制功能和手动控制功能。道路照明开灯时的天然光照度水平，主干路宜为30lx，次干路和支路宜为20lx。

2. 调（降）压方式

调节电压节能为集中节能，一般采用多抽头输出变压器进行电压调节，因成本相对较低、技术简单成熟、控制灵活、维护管理方便而应用较为广泛。

调（降）压控制方式是最常见的节能控制方式。但是，具体到照明节能控制方式，就必须要考虑到调（降）压控制方式对光源设备会不会产生不利的影响了。Philips等国际上知名光源厂家的研究表明，对于采用钨丝发光的光源而言，采用调压控制方式调光，对光源的使用寿命有延长作用。而对于采用高压气体放电方式发光的光源而言，采用调压控制方式调光，对光源的使用寿命可能有不利的影响。

高压钠灯广泛应用于道路照明，实施降压调光节电是没有争论的；但是降压使用，特别是突然降低加在高压钠灯上的电压，对其使用寿命的影响还需要通过道路试验来确定。一般来说，采用同一生产厂家同一批出产的同一型号的高压钠灯（包括镇流器和触发器），在同一城市的同一条道路分组试验。一组按正常电压供电，即接入220V交流电压电路，在下半夜，灯具的电压将随电网电压的升高而升高。另一组按降压方式接线，即首先接入220V电压，在下半夜，降压为200V供电。经过长时间的试验对比，确定降压方式对高压钠灯使用寿命的影响。

通过降低供电电压的方法不但可以节能，还普遍认为可延长光源的寿命，是一种较好的节能方式，目前在国内外应用比较多。

目前应用的交流调压方式主要有接触调压器、感应调压器、移相调压器、磁性调压器、补偿式调压器、有载调压电力变压器和晶闸管调压器等几种不同方式。

对现有照明系统的节能改造，一般采用加装节能设备，较为经济和实用，目前国内销售的照明节能设备很多，其中照明控制调控装置所占比例最大。从工作原理上大致分为3大类。

（1）晶闸管斩波型照明节能装置

晶闸管斩波型照明节能装置的工作原理是：采用晶闸管斩波原理，通过控制晶闸管的导通角，将电网输入的正弦波电压斩掉一部分，从而降低了输出电压的平均值，达到控压节电的目的。

这类节能调控设备对照明系统的电压调节速度快、精度高，可分时段实时调整，有稳压作用，因为主要是电子元件，相对来说设备体积小、重量轻、成本低。

但该调压方式也存在缺陷，由于是斩波控制，输出电压都是缺角的正弦波，使电压无法实现正弦波输出，还会出现大量谐波，形成对电网系统谐波污染，危害极大，不能用在有电容补偿电路中（现代照明设计要求规定，照明系统中功率因数必须达到0.9以上，而气体放电灯的功率因数在一般在0.5以下，所以都设计用电容补偿功率因数）。我国及国外发达国家，在电能质量指标中，已有明文规定对电气设备谐波含量的限制，在国内，北京、上海、广州等大城市，已对谐波含量超标的设备限制并入电网使用。

大功率晶闸管斩波型节电设备，因其自身存在谐波污染的缺陷，如果加装滤波设备，成本太高，是不经济的，所以此类设备很少用于道路照明电路中。

（2）自耦降压式调控装置

自耦变压器与普通变压器的区别在于，自耦变压器的一、二次侧线圈不仅有磁的联系，还有电的联系，所以，在输出电压调节范围不大时，它的容量比较小，所以消耗的材料小，造价低、效率高，这类产品最大的优点是克服了晶闸管斩波型产品产生谐波的缺陷，实现了电压的正弦波输出，结构和功能都很简单，当然可靠性也比较高。目前应用的有两种方式，即固定抽头方式和连续调节方式。

1）固定多档自耦降压器

由于多档自耦降压器的核心部件是一个多抽头的变压器，变压比是固定的，一般二次侧有3~5个降压抽头，分别降5V、10V、15V、20V电压，一旦接线端固定，降低的电压就是固定值，当电网电压波动时，调控装置的输出电压也会上下波动，这样照明的工作电压处在不稳定波动状态，无法起到对电光源的保护作用。当电网电压高时，节电率不是最佳状态；而电网电压低时，可能出现欠压现象，造成灯具无法正常点亮，反而降低灯具寿命，这是这类调控装置存在的最大安全缺陷。在用电高峰时，电压过低，电气设备也无法正常运行。

这类调控装置为了能做到对电压的调节，一般用得都是交流接触器来进行切换，这是最简单和常用的办法。由于接触器在电路的主回路中进行切换，所以，切换的电流是很大的，如果用接触器作为节电产品的电压调整装置的话，其安全性、可靠性和无故障工作寿命都不能保障，存在安全隐患，原因如下：

①交流接触器的工作原理是用电磁线圈吸合、断开，来控制触头常开或是常闭，属机械移动部件，只适用于不经常动作的开关场合，如灯具、电器的开起和关断，切换次数是有限的，不适用于频繁切换的场合。

②交流接触器在切换动作时，是机械的吸合和断开，所以会有短暂的10~20ms的断电，我们称之为“闪断”，这样的断电会导致HID灯（High Intensity Discharged Lamp——高压气体放电灯，如高压钠灯、金属卤化物灯、高压汞灯等）熄灭。在熄灭以后，必须等到灯管冷却、蒸气压下降后才能再点亮，一般需要5~10min左右，在使用中，这将是个严重故障。

根据以上原因，交流接触器是不能用来控制照明调控装置进行频繁切换的。所以，生产和销售此类节电产品的厂家，一般做不到实时稳定电压、多时段调控等功能，这也就是这类节电产品的缺点所在。

2）连续调节自耦型降压器

连续调节自耦型降压器可通过电刷在线圈的表面平滑移动或滚动，改变线圈的变比而调节输出电压。优点是可实现无级平滑调节，调节精度高，但由于电刷调节回路是串在主回路中，因此承受的电流大，电刷接触不良，会产生火花，引起触点磨损。

3. 降（限）流方式

调节电流节能多为单灯节能，在节能工作时，通过改变镇流器的阻抗参数从而改变电流，达到节能的目的。一般来说，降流方式有两种：

（1）改变交流电供电频率，即变频降电流

如果采用变频降电流技术，那么，在客观上就要求必须使用配套的符合高频工作要求的照明电器设备，如高频镇流器、高频 HID 光源灯、高频补偿电容等，来更换原 50Hz 工频的道路照明设备。

（2）加装镇流器，用镇流器电感量实现电感降电流

目前市场上还没有合理商业价格的高频镇流器（HF）及高频 HID 光源设备可供选择。因此，电感降电流技术就成了目前合适的道路照明节能控制方法。同时，Philips 和 Osram 公司的研究表明，在功率降低不超过 50% 的前提下，通过电感降电流的方式进行节能控制，不会影响照明光源的使用寿命。

4. 移相控制（Phase Cutting）方式

移相控制（Phase Cutting）方式在室内照明，如荧光灯调光已经成功使用了很多年，在道路照明的 HID 灯照明调光控制上也有所应用。但移相控制方式存在一些问题：

（1）移相控制会引起交流电波形改变（谐波升高）；

（2）移相（相位截断）会引起无线电波干扰；

（3）移相（相位截断）装置（调光器）必须根据特定的灯型与功率设置才能正常工作；这类装置或许能在工厂内加工（但会导致产生过多不同的型号），否则势必要在安装使用过程中定制。

5. 其他方式

(1) 电子镇流器

采用电子镇流器代替电感镇流器可在两个方面获得节能效果:

1) 镇流器自身功耗降低,但降低的数量非常有限;

2) 可以避免因照明供电电压升高而带来的功耗增加。

然而,目前国内道路照明市场上出现的 HID 电子镇流器产品的稳定性、可靠性均较差,使用寿命短,价格昂贵(一般是电感镇流器的 4 倍左右),同时对电网存在有谐波污染,对照明光源使用寿命也有影响。

General Eletric 公司生产出一种适用于金属卤化物灯的大功率电子镇流器。该产品的新型电子系统可配合 250 W、300 W、320 W、350 W 和 400W 的任意一种脉冲启动金属卤化物灯使用。该低频镇流器装有辅助的石英重启电路,工作电压在208~277V。

(2) 电容无功补偿

对普通照明负荷而言,电容无功补偿自身不节省能源,仅能提高电网功率因数,减少电网上的电压降和电能损耗。也就是说,在城市一条道路照明变压器容量确定以后,提高电路的功率因数,就可以多带照明负荷。

5.3.2 智能照明控制装置

从前面介绍的晶闸管斩波型照明节能装置和自耦降压式调控装置两类节电产品来看,它们各有优缺点,之所以不能得到大量使用,是因为其本身都存在技术缺陷。晶闸管(相控)型优点是,可实时精确控制输出电压,满足照明用电的最佳值,缺陷是电压无法实现正弦波输出,有谐波污染。而自耦降压型的优点是能做到电压正弦波输出,却不能实现电压的自动精确控制,只能固定降电压,不能升压和稳压,如果能将两者优势结合互补,去除缺陷,就是相对比较理想的照明节能产品了。

1. 智能照明调控装置

智能照明调控装置在结合前两类节能产品的优点的基础上,

克服了其中存在的缺陷，其工作原理是，采用微电脑控制系统，实时采集输出、输入电压信号与最佳照明电压比较，通过计算进行自动调节，从而保证输出最佳的照明系统工作电压。

智能照明调控装置在结合前两类节能产品的优点的基础上，克服了其中存在的缺陷，具体优点体现在以下几个方面：

（1）优化电力质量，节约照明用电，稳定最佳工作电压

针对电网电压偏高和波动等现象，调控装置可根据用户现场实际需求，实时在线调控输出最佳照明工作电压，并能将其稳定在±2%以内，有效提高电力质量，从而达到节电10%~40%的效果。

（2）多时段节能运行

根据用户实际的照明需求，调控装置还可通过程序控制，进行多时段节能电压设置，从而满足用户不同光源、不同时间的需求，实现最佳照明状态和最大节电率。

（3）实时稳压、控压

在电压波动很大的地方，如电气设备比较多的厂区，电压波动达到±15%；路灯后半夜的供电电压甚至会高达到250V。智能调控装置高稳定的最佳照明电压，能够延长电光源寿命2~4倍，减少照明运行、维护成本30%~50%。

为了满足不同用户对照明灯具控制的需要，智能调控装置有3种运行模式可供选用：

1）端子控制节能运行模式；

2）时间控制节能运行模式；

3）通信控制节能运行模式。

可按现场实际情况，通过天文钟、智能探头或内部编程、远程计算机遥控，实现时控、光控、程控等多种智能化控制。并可根据不同时段、不同灯具、不同亮度要求，每相独立调节，允许照明负荷100%不平衡。

调控装置每相可独立调节，可操作性强，可以承受三相100%的不平衡负载，且保证单相的故障绝不影响其他两相的正

常运行。同一个装置可以带不同类型光源负载，还可以独立调节每相的输出电压。

调控装置采用手动和自动双旁路系统，以保证照明设备不断电，正常安全运行；

调控装置控制部分不含交流接触器，无触点和移动元件，保证高可靠性和低功耗。

2. 补偿变压器

(1) 补偿变压器调压原理

智能照明调控装置大多采用了补偿变压器调节电压的方式。补偿变压器调节电压的电气原理如图5-8所示。

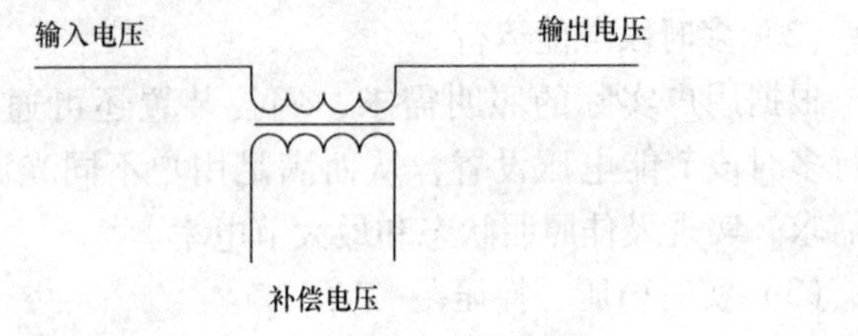

图 5-8　补偿变压器电气原理图

补偿变压器的二次绕组串联在主电路中，相位和输入电压相反，补偿式调压变压器的一次绕组接入一个补偿电压，如图5-8所示。

若不计补偿变压器阻抗压降，则从图 5-8 可见：输出电压 = 输入电压 - 补偿电压。

补偿电压可通过在输出电压或输入电压上取出，当补偿电压等于输入电压时：输出电压 = 输入电压 - 补偿电压。

当补偿电压等于零时：输出电压 = 输入电压。

由于它的调节是在一次线圈，所以在主回路中是没有任何触点的。

补偿式调压器输出为正弦波，无谐波干扰，它的变压器容量仅为需要调节的部分的容量，因此可用较小的容量控制较大的容量输出，输出效率高，调节方便，过载能力强，很适合在大中功率场合下应用。

(2) 补偿式调压器的主要种类

1) 矩阵型调节器

矩阵型调节器如图 5-9 所示。此类调节器在电路中串入了多组补偿变压器，通过调节不同的继电器触点，便可在输出端得到不同的电压组合，如图中输出可以等于输入减去 u_1，或减去 u_2，或减去 $(u_1 + u_2)$。当补偿变压器组数足够多时，可得到需要的任意调节精度。缺点是电压调节为有级调节，当补偿变压器组数少时，一级调节的电压可能产生跳跃，电路复杂，且为有触点切换，当切换大电感的初级线圈时，容易产生过电压和冲击电流，使得运行不稳定。

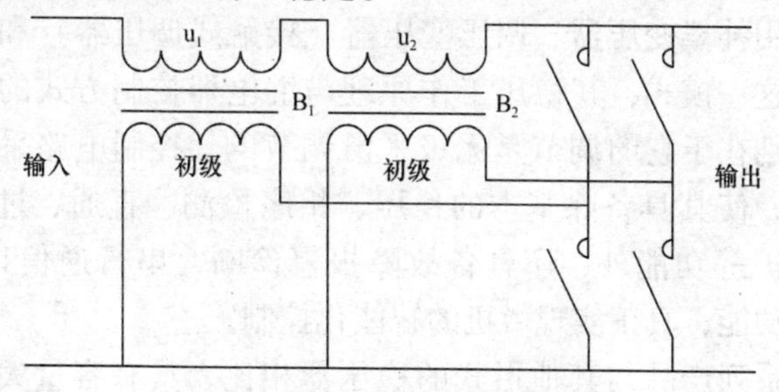

图 5-9　矩阵型调节器电路

2) 无触点补偿式调压器

无触点补偿式调压器是用晶闸管代替了图 5-9 中的继电器触点，晶闸管工作在全导通状态，因此无谐波产生，晶闸管交流稳压器，是针对目前大部分电网电压不稳定、突变频繁的状况而研制生产的新一代交流稳压器，它集合了微机测控、晶闸管无触点开关和变压器技术于一体，具有容量大、体积小、响应快、无噪声等特点，具有如下技术特色：

①晶闸管无环流控制：针对晶闸管电流过零自然关断的特性，采用了精确相位控制和过零触发技术，使晶闸管在切换时无冲击性共态电流，使晶闸管稳压器完全不依赖限流电阻，可

大幅提高整机的可靠性和效率。

②变压器的优化设计：晶闸管交流稳压器采用三相分调系统，合理的变比和精确的设计使得稳压器具有极其小巧的体积，在所有的稳压器产品中，稳压器的容量体积比是最高的。

③高度智能化：稳压器每一相都有独立的微机测控装置，监控该相的输入电压、输出电压和电流，甚至监控晶闸管模块组的温度以便控制散热风机。

3）补偿式大功率电力稳压器

该系列电力稳压器是目前世界范围应用最为广泛的稳压电源，新一代稳压器的主要组成模式是：补偿变压器+调压变压器+伺服传动机构。

利用补偿变压器、调压变压器（接触式调压器）和伺服传动机构这一模式，其稳压工作原理与继电器控制方式的基本相同。区别在于它的调节是无级平滑调节的，控制电路采用单片机控制，使其具备除基本的稳压、相序检测、直通、过载、过欠压保护等功能外，还具备故障报警诊断、串行通信口遥测、遥信等功能，真正实现微机的智能化控制。

该系列产品与其他形式的稳压器相比，具有容量大、效率高、无波形畸变、电压调节平稳，适用负载广泛，能承受瞬时超载，可长期连续工作，手控、自控随意切换，设有过压、过流、相序、机械故障自动保护装置，以及体积小、重量轻、使用安装方便、运行可靠等特点。

另外，还可以采用有载调压电力变压器。有载调压电力变压器即为路灯供电变压器，但可在有负载时直接调整输出电压，此方法不需再另外附加调压装置，输出波形好、效率高，但投入较大，宜用在新建线路中。

5.3.3 电磁式道路照明节电器

目前城市道路照明降压节电器基本上采用自耦变压器、补偿变压器或电抗器为主要元件，用系统软件控制其分时段调压调亮，以达到节电的目的。称之为电磁式节电器。

1. GGDZ 照明稳压节电器

（1）GGDZ 照明稳压节电器的结构与工作原理

上海潘登公司生产的GGDZ 照明稳压节电器由补偿变压器、调压变压器、无级调压控制技术（或无触点调压控制专利技术）、采样电路、主控制电路、调压控制电路、时控电路、保护电路等组成。该产品以智能稳压为核心技术，根据照明负载特点和电网电压的实际情况，实行分相采样，分相稳压调压。

其工作过程为：照明负载（路灯）开始工作时，采样电路获取当时输出电压，经检测控制电路与基准电压进行比较判断，然后输出控制信号，控制调压电路进行无级（或无触点）调压，使补偿电路产生大小不同的补偿电压，达到降低和稳定输出电压的目的。

GGDZ 照明稳压节电器先用低压（195V）软启动，然后以慢斜坡方式升压至225V，待灯具充分预热后，再自动转为用户设定的输出电压。输出电压在190V~230V 之间可任意调节（出厂时设定为：从开灯至23 点为210V；23 点至凌晨5 点为195V；凌晨5 点至关灯为210V）。输出电压的转变过程是缓慢的斜坡方式，不会产生任何冲击电流。用户根据当地道路照明需要，通过时控电路对照明负载的运行时间和供电电压进行编程，以最大限度地降低灯具的电耗和温度。

同时，检测控制电路还对保护电路进行控制，万一节电器输出电压过高、欠压或补偿调压系统工作不正常时，节电器还能自动切换到“旁路”状态，转到由市电供电，不会造成照明负载的供电中断。

GGDZ 照明稳压节电器（路灯型）还可多增加一路可控制的输出，以满足道路照明半夜灯回路的需要，出厂时设定为深夜11:00 时，该回路供电电源被切断，半夜灯熄灭，但长夜灯回路仍维持供电。

GGDZ 照明稳压节电器（路灯型）还可附加无线远程监测功能，可将节电柜的实时电压电流参数及工作状态，通过 GPRS

无线通信方式传到远端集中监控室。

GGDZ 照明稳压节电器（路灯型）的外壳防护等级为 IP54，防尘、防水级别较高。户外型还具有防盗功能，当柜门被非正常打开时，柜内会发出声光报警，并可将被盗事件通过无线远程监测功能传到远端监控室。

上海潘登新电源公司生产的 GGDZ 照明稳压节电器系统框图如图 5-10 所示。

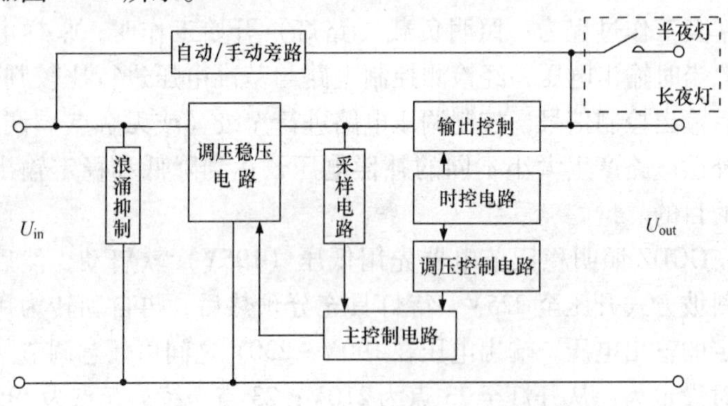

图 5-10　GGDZ 照明节电器系统框图

（2）GGDZ 照明稳压节电器的参数与功能

GGDZ 照明稳压节电器的参数见表 5-20，其主要功能见表 5-21 。

GGDZ 照明稳压节电器的参数　　　　**表 5-20**

输入电压范围	190 ~ 270V	机柜防护等级	IP54
输出电压范围	190 ~ 230V	绝缘电阻	>5MΩ
频　率	50HZ	耐电压强度	能承受 2000V 1min
电压调整速率	30V/min	连续过载能力	1.2 倍
稳压精度	±（1 ~ 2）%	短时间过载能力	1.5 倍
输出电压波形	正弦波	标称节电率	25 % 以上
使用环境温度	-40 ~ 45℃	连接方式	串联在电路中
最大允许温升	70℃	设计使用年限	15 年

GGDZ 照明稳压节电器的主要功能　　　　表 5-21

软启动预热	灯具刚点亮时，节电柜输出 195 ~ 225V 软启动预热电压，约十分钟（可调）后，自动转入稳压节电状态
无级（或无触点）调压	可在 190 ~ 230V 之间任意选择输出电压值，以及电压变化的时间段。节电柜会根据时间将输出电压自动缓慢地转变到设定值
时控功能	每天可设置 8 个时段，每个时段可输出不同的节电电压（任意确定）
优化功能	补偿变压器的绕组能抑制负载电流的瞬变，优化输出电压质量
过、欠压保护	当输出电压超出设定值 ±10% 时，节电器（柜）将自动切换到“旁路”状态，转到市电供电
机保功能	当补偿调压系统工作不正常时，节电器（柜）自动切换到“旁路”状态，转到市电供电
短路保护	当输出端出现短路时，空气开关自动切断输入电源
半夜灯负载输出（可选）	可为道路照明半夜灯回路增加一路可控制的输出
无线远程监测（可选）	可加装无线远程监测功能，对节电器（柜）的实时电压电流参数及工作状态进行远程监测
无功功率补偿（可选）	可加装无功功率补偿功能，补偿值根据现场负载情况，由用户自定

(3) GGDZ 照明稳压节电器的节电技术

1) 智能稳定电压节电

GGDZ 照明稳压节电器根据用户电网电压的波动情况、照明负载的性质，对灯具实行智能稳压供电，随时给灯具提供一个既稳定又能节电，还不会影响照明效果的供电电压。

用户可根据自己的需要，自行设置输出的节电电压，对照明负载的运行时间和供电方式进行编程，最大限度地降低照明灯具的电耗，见图 5-11。采用 GGDZ 照明稳压节电器后，仅智能稳压所实现的节电效果一般就可达 20% 左右。同时由于照明灯具工作在较低的电压，其使用寿命大大延长了。

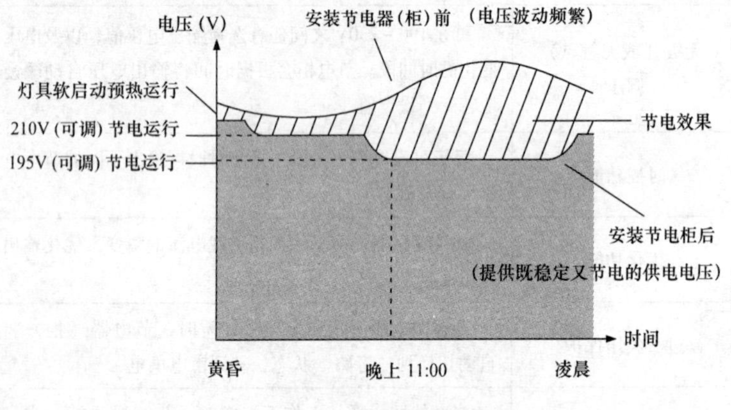

图 5-11 路灯控制节电效果图

2）提高功率因数节电

高压气体放电灯的功率因数一般都很低，约为 0.4 ~ 0.6。从提高照明电路的经济效益着眼，应对照明负载进行无功功率补偿（大多数路灯灯具已经装有无功功率补偿装置）。该装置可加装电容来改善功率因素，无功功率补偿值可根据用户需要设计。功率因数改善后，照明线路中总电流减少，温度降低，灯具及附属设备的使用寿命可大大延长（温度每降低 100℃，寿命可延长 1 倍）。

3）消除浪涌谐波节电

浪涌瞬变会使一个系统的用电效率严重下降，同时还会影响感性电能表表盘的作用力矩和转速，使表盘发生阶跃式转快，其结果会导致一个系统总用电量的过度计量。GGDZ 照明稳压节电器，通过采用浪涌抑制元件、多重滤波器等技术，能有效抑制电网电路中的浪涌瞬变，滤除高频杂波，提高照明设备的运行效率，并能延长其使用寿命，具有节电和保护设备的双重功效。

2. ILUEST /NE 路灯稳压调控器

西班牙赛励库电子公司开发的 ILUEST 智能照明调控系统，适用于城乡道路、高速公路、机场海港等各种类型照明的节能化改造。

(1) ILUEST/ NE 系列智能照明调控装置/照明稳压调控器主要的结构组件

每相带多抽头的补偿变压器 (3 台)；

每相（依功率而定）的升压变压器 (3 台)；

每相微处理器的电子控制单元 (3 块)；

自动静态旁路：每相除了正常的稳压、节能工作回路外，带有静态旁路装置 (3 块)；

手动旁路/自动旁路；

通过优化实施的步进式启动；

节电水平时间段控制；

RS-485 通信通道。

图 5-12　ILUEST 路灯稳压调控器

ILUEST 路灯稳压调控器见图 5-12 。

(2) ILUEST /NE 路灯稳压调控器的技术参数：

输入电源：电压 ：单相 120V、220V、230V、240V；

三相：208V、220V、230、240V、380、400V、415V + N + Gr；

调节范围：+25%/-5% 额定电压：+11% ~19% 节能电压：+10%/-25% 节能电压；

各相保护：每相单极 U 形断路器；

输出电源：电压 180V（相与中线之间）根据灯具型号的不同可调；

推 荐 值：MV 电压 190VAC，MPS 电压 180VAC ；

谐波畸变：无 。

(3) ILUEST /NE 路灯稳压调控器的工作过程

1）启动

ILUEST/ NE 系列智能照明调控装置/照明稳压调控器系统通电后将启动日常工作周期，通过每一相的微处理器，检测装置的所有参数，然后进入照明系统“软启动”过程。从 200V AC（或者设置的其他电压）开始启动，然后停留在 220V AC 的电压水平。在这个启动周期，可以减少约 40% 的照明启动过电流，电压随即在大约 10min 内，缓慢上升至额定值 220V AC。

“软启动”功能对照明灯具起到非常理想的保护作用。完成启动过程后，电压将持久稳定在对应的电压水平。

2）工作周期

启动周期结束后，ILUEST/ NE 系列智能照明调控装置/照明稳压调控器系统继续向照明系统提供稳定的额定电压，直至它接收到降低照明亮度的指令。该指令来自自选的外部装置(时段编程器、URBIASTRO 2000 天体钟、遥控器、中控单元，手动触发组件等)。这些外部装置被连接到 ILUEST/ NE 系列智能照明调控装置/照明稳压调控器上标有“遥控”标记的连接处。随后，ILUEST/ NE 系列智能照明调控装置/照明稳压调控器系统的软降压功能启动，约 10min 内电压将降至节电电压水平。

该节电电压对应于高压汞灯和高压钠灯具有不同的数值。该过程会依照编程的内容重复多次。ILUEST /NE 系列智能照明调控装置/照明稳压调控器系统具有极高的工作灵活性，可以对一系列关键的参数进行调节，同时将某些直接作用于控制板的参数可视化。即使 ILUEST /NE 系列智能照明调控装置/照明稳压调控器系统在处于工作状态时，也可以改变额定电压和节电电压输出值（需注意慢慢地改变节电电压水平以避免 ILUEST/NE 系列智能照明调控装置/照明稳压调控器复位），为高压汞灯或高压钠灯预设的节电电压。更改工作周期速度，以加快和促进 ILUEST/ NE 系列智能照明调控装置/照明稳压调控器的调整和启动。

3）通过 RS-485，RS-232 或光纤通信

采用通信接口，通过无线电、调制解调器等可以连接到任何街道的中央控制系统。通过 RS-485/232 串行接口可实现对许多参数的监视和控制，特别包括下列参数：设定装置启用时间、设定装置停用时间、决定降低照明亮度的时间、电压降低的水平、不同降压水平和不同时间的可能性、稳压值、启动电压值。

采用 ILUEST/ NE 系列智能照明调控装置/照明稳压调控器系统的 RS-485 串行接口，可以通过通信协议实现下列参数的可视化，或修改下列参数：在任何时间可将启动电压值、额定电压值和节电电压值修改为任何数值。通过软件执行复位（重新启动周期）。当供电中断或短时中断可自动执行复位。停止"ILUEST/ NE 系列"、启动"ILUEST /NE 系列"、进入节电照明指令、进入正常照明指令、旁路报警静音及旁路运行指令。查询 ILUEST/ NE 系列智能照明调控装置/照明稳压调控器系统所处状态及各相之间的差异。

可能的状态如下：启动、斜坡上升、正常照明、斜坡下降、节电照明、旁路、查询通信结果。

（4）ILUEST 路灯稳压调控器的特点

ILUEST /NE 系列智能照明调控装置/照明稳压调控器系统保证在任何时候都输出固定的稳定的电压，电压偏差范围仅为 1.5%。因而可以保证照明系统工作于额定电压下，而不致因灯具过压而降低了使用寿命，或因欠压而降低了输出的亮度。

1）节能：路灯稳压调控器克服了因电压过高引起的耗电量过大，用户亦可预设时段和照明亮度的功能。节能效果达 20% 以上。

2）延长照明灯具的使用寿命：灯具使用时间更长，但在整个使用周期内维持其原有效率。因为灯具不再承受供电电压不确定的变化的危害，而可以较长时间在较低的工作电压下，使照明系统的工作进一步改善。

3）降低维护成本：由于灯具寿命延长，维修的时间减少，进而维护保养的时间得以保证，而由于过压所引起的辅助设施故障也减少。

4）改进品质：照明的亮度可以依照系统的要求，或者使用的时段调节到不同的水平。无需留意预设的步骤。

5）每相的独立调节：完善的 ILUEST/ NE 系列智能照明调控装置/照明稳压调控器系统仅工作于受波动干扰的那一相。通过受控的、缓慢的、稳定的方式进入到节电模式，从而进入照明节能模式及客户预设的电压模式，满足各种各样的要求。

3. 电磁式节电器节电的检测

路灯降压节能是近几年才付诸实施的一种道路照明节能方法，如何更好地去应用还有很多工作要做，其中有关节电率，GGDZ 照明稳压节电器和 ILUEST /NE 路灯稳压调控器在产品使用说明上，以及用户的使用节能效果报告上，提出或验证了节电率达 20% ~40%，甚至节电 50%。笔者专程到高压钠灯的生产厂家和湖南省计量检测院，将高压钠灯降压的试验装置送去检测，检测报告显示，高压钠灯降压后（200V）比之没有实施降压（220V），节电率还不足 20%。因此，电磁式节电器的一些节能技术指标，还需权威机构检测。

（1）通过检测确定光通量和输入电压的关系

理论上，负载的功率和它的输入电压是成平方关系的，即输入电压降低 10%，负载消耗的功率降低 20% 左右（$0.9^2=0.81$），此时光通量也应降低 20%，但现有的节能产品则认为高压气体放电灯不同于白炽灯，电压降低 10%，光输出只降低 7% ~10%，而我们在高压钠灯制造厂的试验，高压钠灯在电压下降 10% 时光输出降低比较多，超过了 20%，这需要通过试验来进一步验证。

（2）通过检测确定照度和输入电压的关系

验证光源在道路上的照度和输入电压的关系、光源在输入电压降低时对启动时的影响以及和寿命的关系，启动时降低电压是不是有利，需要研究，气体放电灯的寿命在电压降低时是不是能够延长，国外有机构说对寿命有不利影响，而且影响不小；有资料说降电压对寿命没有影响，现在还没有长期试验数据证明。

（3）研究调节光源输入电压的方法和调节电源的效率

目前的节能产品形式较多，有触点的，有无触点的，有级调压的，有无级调压的，调压的精度取多少合适，还须通过研究试验选取比较适合路灯运行的方式。

5.3.4 电磁式节电器道路照明节电实例

1. 湖南省岳阳市

高压钠灯的等效电路。高压钠灯由放电灯管与镇流器、触发器组成工作电路。它包括电源、镇流器、灯和触发器，三者之间的电压不满足直角三角形关系。实测高压钠灯电压超前电流，灯不属纯电阻器件，而是电感性器件。它的等效电路如图5-13所示。

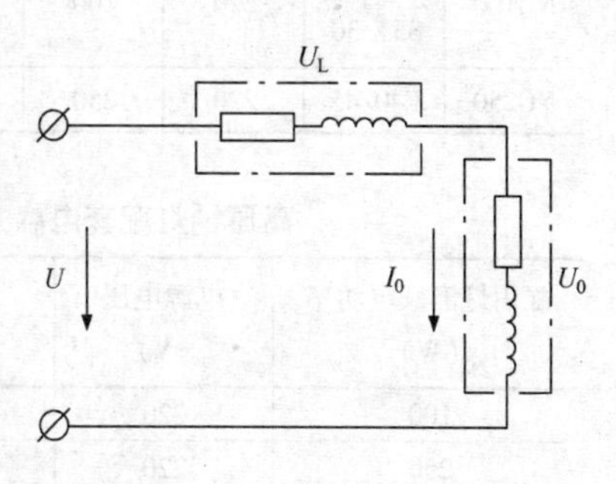

图5-13 高压钠灯等效电路

高压钠灯电源、镇流器、灯三者之间电压、阻抗分配的数学模型为：

$$U^2 = U_L{}^2 + xU_0{}^2 \quad (5\text{-}1)$$

$$Z^2 = Z_L{}^2 + yZ_0{}^2 \quad (5\text{-}2)$$

式中 U——电源电压，V；

U_L——镇流器电压，V；

U_0——灯电压，V；

Z——输入阻抗，Ω；

Z_L——镇流器阻抗，Ω；

Z_0——灯阻抗，Ω；

x、y——与灯效率有关的系数。

镇流器L不是纯电感器件，它存在一个小的线圈铜电阻。式（5-1）和式（5-2）没有考虑镇流器线圈直流电阻的影响。

常用的100W和250W高压钠灯灯泡的技术参数见表5-22。高压钠灯灯泡必须与相应的镇流器配套使用，配套的电感式镇流器技术参数见表5-23。

高压钠灯灯泡的技术参数 **表5-22**

灯泡型号	灯头型号	电源电压（V）	功率（W）	启动电流（A）	工作电流（A）	工作电压（A）	光通量（lm）
NG100	E27X 35X 30	220	100	1.8	1.25	135	7500
NG250	E40/45	220	250	4.5	3.0	100	22500

高压钠灯配套电感式镇流器技术参数 **表5-23**

配用灯泡额定功率（W）	电源电压（V）	工作电压（V）	工作电流（A）	频率（Hz）
100	220	167.5	1.25	50
250	220	180	3	50
400	220	180	4.6	50

对于NG250型高压钠灯，查表5-22和表5-23，得：

电源电压 $U=220V$，镇流器电压 $U_L=180V$，灯电压 $U_0=100V$；

输入阻抗 $Z=220/3=73.33\Omega$，镇流器阻抗 $Z_L=180/3=60\Omega$，灯阻抗 $Z_0=100/3=33.33\Omega$；

另外，灯电阻 $R_H=P/I^2=230/3^2=27.78\Omega$；

配套镇流器消耗功率38W；

镇流器电阻 $R_L=38/3\times3=4.22\Omega$。

将 U、U_L、U_0 和 Z、Z_L、Z_0 的值代入式（5-1）和式（5-2），求出250W 钠灯的计算系数为：

$X=(U^2-U_L{}^2)/U_0{}^2=(220^2-180^2)/100^2=1.6$

$y=(Z^2-Z_L{}^2)/Z_0{}^2=(73.33^2-60^2)/33.33^2=1.6$

岳阳市路灯管理处在岳阳市南湖广场以及琵琶王立交桥的大型广场灯照明中，采用调压器进行了调压节电试验，并已投入运行。在晚上11时，他们将电源电压调至200V。以NG250型高压钠灯为例，电源电压为220V 时，灯消耗的总功率为250+38=288W；电源电压降压至200V 时，灯电流为200/73.33=2.727A，灯消耗功率为2.7272×27.78=206.6W，镇流器消耗功率为$2.727^2\times4.22=31.4$W，灯消耗的总功率为206.6+31.4=238W。

不考虑镇流器电阻，代入式（5-1）和式（5-2）求得：灯电压为90.8V，镇流器电压为163.7V。

有关手册提出："对于高压钠灯，电源电压不能波动过大，如突然下降5%可能自行熄灭"。我们多次试验，将灯电压由220V 突然降至190V，没有一次灯自行熄灭。南京772厂钠灯分厂试验室每天要在生产的高压钠灯中测定5支的技术参数。他们介绍，国家标准规定：电压在额定电压90%以上，即198V以上，高压钠灯应该可以正常启动，当然不会自行熄灭。

根据实际测试数据计算高压钠灯电压200V 时的功耗：灯泡消耗功率为$2.727^2\times27.27=206.6$W，镇流器消耗功率为$2.727^2\times4.22=31.4$W，灯消耗的总功率为206.6+31.4=238W，节电17.4%。

2. 厦门市

厦门市公路局从2006年就开始了解市场上有关路灯节电技术和产品，并考察了一些路灯节电设备生产厂家和实际应用情况，经过充分论证以后，认为目前市场上路灯节电技术和产品已经非常成熟了，在很多地区实际应用中取得了良好的经济效益和社会效益。

（1）路灯节电方案

厦门市公路局对市场上各种节电技术和产品进行详细考察

和综合比较后，决定采用电磁调压节电技术，即选用电磁式节电器。具体的方案为：

降压幅度：第一档降压18V，第二档降压24V，第三档降压30V；

控制方式：采用微电脑控制，分时段智能自动调压。

这种技术非常适合路灯实际工况，完全能满足道路照明和节电双重需要，技术成熟，性能稳定，寿命长（10年以上），维护成本低，性价比高。

（2）路灯节电改造试点

2008年4月，厦门市公路局先安装3台节电设备进行路灯节电改造试点，以检验节电改造后的实际节电率、安全可靠性以及对照度的影响等。稳定运行1个月后，邀请厦门市节能监测服务中心参与第三方评测，具体数据见表5-24和表5-25。

路灯节电器在不同工作状态时的照度测试数据　　表5-24

配电柜编号	节电器工作状态	运行电压（V）			运行电流（A）			平均照度（lX）	均匀度
		A相	B相	C相	A相	B相	C相		
同集路5号	0档（市电）	232.4	225.3	211.5	56.3	56.4	76.3	90.13	0.65
	1档	210.1	207.3	197.3	51.4	52.8	71.9	74.53	0.65
	2档	202.0	200.3	192.0	49.9	51.5	69.7	69.13	0.67
	3档	196.2	195.2	188.2	48.8	51.0	68.2	64.15	0.65
同集路6号	0档	249.2	246.8	244.2	52.4	45.2	48.7	90.13	0.65
	1档	230.3	229.1	227.1	49.4	42.6	45.6	74.53	0.65
	2档	223.0	221.5	220.8	48.2	41.3	44.1	69.13	0.67
	3档	216.9	216.0	214.9	47.0	40.7	44.1	64.15	0.65
同集路7号	0档（市电）	251.9	248.2	245.9	54.8	64.4	52.9	85.83	0.85
	1档	229.5	228.4	226.5	50.9	59.2	48.2	77.20	0.82
	2档	222.3	220.9	219.7	49.3	56.9	47.0	71.75	0.82
	3档	215.3	215.0	214.3	48.0	56.1	45.3	69.63	0.82

路灯节电改造前后用电量测试数据　　表 5-25

项目＼配电柜编号	同集路 5 号	同集路 6 号	同集路 7 号
节电前总用电量（kWh）	5079	4198	894
节电前总运行时间（h）	120.03	120.03	20.87
节电后总用电量（kWh）	3867	3317	2848
节电后总运行时间（h）	116.5	1165	84.95
节电前单位用电量（kWh/h）	42.32	34.98	42.84
节电后单位用电量（kWh/h）	33.19	28.47	33.53
节 电 率	21.57%	18.61%	21.73%
三台平均节电率	20.64%		

从表 5-24 和表 5-25 可以看出，安装路灯节电设备后，节电效果非常明显，路面照度高于《城市道路照明设计标准》的标准要求，设备运行稳定，大大减少了谐波污染和浪涌冲击，改善了路灯灯具的供电质量，各项性能指标和实际节电效果达到了预期的目标。

在路灯降压节电试验获得成效后，厦门市公路局决定对所管辖的路灯分批进行节电改造。2008 年 7 月对外公开招标，9 月签订 29 台路灯节电设备采购合同，2008 年 10 月 10 日投入使用；11 月 19 日，整体工程验收合格，节电率达 25%。稳定运行至今，没有出现故障。

3. 广州市

广州市采用上半夜稳压、下半夜降压的方法节能。即使是在繁华的闹市，下半夜时车辆、人流都大为减少，此时由于用电负荷减少而使供电电压升高，广州路灯 85% 是专用变压器供电的，据广州东区供电局 2003 年 9 月在菜园西路综合房实测电压资料，18:00 输出电压为 228V，凌晨 1:00 ~ 4:00 为 243V。供电电压的升高，将使电光源的寿命减少。资料显示，灯泡在超过额定电压10V的状态下工作，会降低50%的期望寿命。而据对路灯管理所高压钠灯使用量分析发现，高压钠灯的年更换率为46%，而按照GE产品的使用说明，高光通高压钠灯和标准高压钠灯寿命可达28500h（即可用6.7年），排除其他因素，下半夜电压的升高，是使灯泡寿命减小的重要原因。所以，此时根据变压器调压节能工作原理，降低供电电压而适当降低光源的光通量是可行的。

在保证路灯稳定经济运行的情况下，节能工作状态一般设定为前半夜工作电压220V、后半夜为200V。以1台负荷为500kW的路灯开关箱为例，参照目前电网的电压水平，假设在后半夜供电电压升高10%，按18:00～24:00电压为230V、0:00～6:00电压为240V计算，日耗电量为：

$$[5\times(230/220)+6\times(240/220)]\times50=630.27\text{kWh}$$

通过采取调压措施，将18:00～24:00的电压降至220V，将0:00～6:00的电压降至200V后，日耗电量为：

$$[5\times(220/220)+6\times(200/220)]\times50=497.93\text{kWh}$$

日节电量为：630.27－497.93＝132.34kWh

节电率：132.34/630.27×100%＝21%。

由此可见，以降低供电电压10%来运行，光通量仅减少到额定值的78%左右，但可以节电接近20%，效果非常显著。通过调整供电电压，不仅能够较好地避免不必要的损耗，以达到节电的目的，同时还能有效地保护终端设备，延长设备的平均使用寿命，降低运行成本，减少维护工作。

一般情况下，供电电压不要低于200V，因为光源的输出光通量降低会导致道路的照明质量降低。只有推广采用高效照明电器产品和节能控制技术，城市照明才能一步步接近“高效、节能、环保、健康”的目标。

4. 北京市

为了具体分析、对比各种道路照明节能的优缺点，以及其产生的实际经济效益，在北京市的城市道路中，选择了一条配电变压器容量为 60kVA 的路段测试计算。该路段照明负荷为 40kW，平均每天工作 11.5h。而该路段照明系统的电压高于额定电压 10%，电压升高 10%，将使功率提高 21%；该路段电费为 0.6 元/kWh，再加上道路照明维修费是总电费的 30%，则：

一年电费：$40 \times 11.5 \times (1+21\%) \times 365 \times 0.6$
$= 121895.4$ 元；

一年维修费：$121895.4 \times 30\% = 36568.6$ 元；

一年总费用：$121895.4 + 36568.6 = 158464$ 元。

该路段管理处为了降低道路照明费用，考虑了几种方案：

（1）半夜关灯方式

这种方式为前半夜照明 6h，后半夜关灯。

一年电费：$40 \times 6 \times (1+21\%) \times 365 \times 0.6 = 63597.6$ 元；

一年维修费：$63597.6 \times 30\% = 19079.28$ 元；

一年总费用：$635795.6 + 19079.28 = 82676.88$ 元；

节约费用：$(158464 - 82676.88) \div 158464 \times 100\% = 47\%$。

（2）斑马灯方式

这种方式为前半夜照明 6h，后半夜隔一个灯熄一个灯。

一年电费：$[40 \times 6 \times (1+21\%) \times 365 \times 0.6] + [40 \times 5.5 \times (1+21\%) \times 365 \times 0.6] = 92746.5$ 元；

一年维修费：$92746.5 \times 30\% = 27823.95$ 元；

一年总费用：$92746.5 + 27823.95 = 120570.45$ 元；

节约费用：$(158464 - 120570.45) \div 158464 \times 100\% = 23\%$。

（3）电磁式节电器智能控制

该路段采用智能照明调控装置，智能照明调控装置具有软启动、稳压、节能的功能，用户可根据道路照明的现状，科学设定节能时间和节能比率。

前半夜 18:00～22:00 为道路正常照明时段，节电器通过软启动将灯具电压从 200V 缓慢上升到 220V 额定电压，上升时间可由用户根据照明灯具而定，一般为 2min30s；电压上升到

220V 之后，将一直稳定进行到22:00时。

后半夜，即22:00至次日凌晨5:00，节电器工作在节能状态，节能电压可根据需要由用户在220～180V之间选择，一般的，灯具供电电压由220V额定电压缓慢下降到190～185V，此时，灯功率下降30%，即为原功率的70%。

一年电费：[40×4×365×0.6]+[40×7.5×0.7×365×0.6]=81030元；

一年维修费：81030×30%=24309元；

一年总费用：81030+24309=105339元；

节约费用：(158464－105339)÷158464%=33%。

(4) 几种照明节能方式的比较

后半夜关灯方式，会使后半夜该路段一片漆黑，不仅给夜间的行人和车辆造成不便和安全隐患，而且会给城市的治安带来隐患。后半夜斑马灯方式会造成照明出现死角，由于路灯一般间隔30m，而隔一个亮一个，中间间隔60m，这种黑亮相间的斑马现象，对驾驶员的视觉感官非常不利，违背了城市道路照明发展的方向，同时造成行人和驾驶员对该路段照明方式不满意。因此，该路段最后采用了电磁式节电器智能控制的节能方式。

智能照明装置为照明设施提供各种自动控制功能，通过电脑控制和管理软件实现无故障智能化和无人值守，提高了安全可靠性。

智能照明装置可平均延长灯具使用寿命2倍，大大减少了灯具损耗，节省了灯具的购置费用和更换工程费及维修费。另外，减轻了维护人员的工作量。

智能照明装置通过节电，可以有效减少发电厂CO、SO、NO、CO_2和粉尘、灰渣的排放量，保护环境。

该路段在采用智能照明节能装置几年来节约了很大一部分综合费用，方便了行人和车辆的通行。该路段管理处将在他们管辖的其他路段推广应用智能照明控制装置，达到实现全路段节能。

5. 江苏省盐城市

江苏省盐城市路灯管理处于2007年对市区的开放大道、黄海路、迎宾大道等3条城市干道进行了节电改造，选用带有智能控制的电磁式节电器，可以保证用电设备在任何供电情况及故障状况下的自动处理能力，如延时启动，突然欠压、缺相或空载时自动旁路，大电流分断保护等，特别是针对路灯照明负荷的特点，可进行分时段控制调压节电。采用“厂商投资、节约电费回购、定期回收节电设备”的合作方式，取得了良好的经济效益和社会效益。

（1）现场测试纪录

以盐城市开放大道路灯节电改造工程为例。开放大道改造路段共有路灯642盏，街边灯738盏，草坪灯616盏，投光灯128盏，供电电缆总长30526m，照明灯总功率为214.44kW。全路段安装7台智能型路灯节电器。

2008年6月下旬现场测试的数据见表5-26和表5-27。

（2）计算方法

在表5-26和表5-27中：

电流降 =（旁路三相电流之和 - 节电三相电流之和）/旁路三相电流之和；

电压降 =（旁路三相电压之和 - 节电三相电压之和）/旁路三相电压之和；

照度降 =（旁路照度 - 节电照度）/旁路照度；

节电率 =（旁路状态运行单耗 - 节电状态运行单耗）/旁路状态运行单耗。

（3）经济效益

盐城市开放大道路灯改造工程节电效益分析见表5-28。

节电器设备投资50.3万元。设备使用寿命为15年，如果每年节约电费为10.4889万元（表5-28），则5年就可以收回设备投资费用，并开始产生经济效益。在设备寿命终了的15年内，将产生上百万元的收益。

开放大道路灯节能工程节电数据测试记录　　表5-26

节电箱位置	旁路状态用电数据							节电状态用电数据							电流降（%）	电压降（%）	照度降（%）
状态	电流值（A）			电压值（V）			照度（lx）	电流值（A）			电压值（V）			照度（lx）			
相位	A	B	C	A	B	C		A	B	C	A	B	C				
测试时间	2008年6月25日晚8：30							2008年6月25日晚8：30									
大洋加油站北	123	112	138	225	225	225	22.5	106	98	122	207	205	204	20	12.6	8.7	11.1
商检局	54	66	116	225	228	217	12.8	50	53	97	200	202	199	11.4	15.3	10.3	10.9
协作大厦	147	156	125	226	227	226	21	128	131	115	203	204	205	18.6	12.6	9.9	11.4
创世纪广场	90	90	127	227	226	227	14.8	80	81	112	207	206	207	13.1	11.1	8.8	11.5
东闸加油站	56.6	51		202	221		15.6	48	47		200	207		13.8	11.7	3.8	11.5
印染厂	66	58.9	63.8	232	231	229	15.8	56	50	60	205	205	204	14.2	12.0	11.3	10.1
胶木板市场	65	71	65	217	216	220	26.5	55	60	55	200	201	207	23.7	15.4	6.9	10.6

开放大道路灯节能工程节电率测试记录　　表 5-27

节电箱位置	旁路状态用电数据库			节电状态用电数据			互感比系数	节电率（%）
	起始数据（kWh）	结束数据（kWh）	用电值（kWh）	起始数据（kWh）	结束数据（kWh）	用电值（kkWh）		
测试时间	2008 年 6 月 25 晚 8:30			2008 年 6 月 26 晚 8:30				
大洋加油站北	11990	11994.9	4.9	11994.9	11998.7	3.8	300/5	22.4
商检局	7441	7445.4	4.4	7445.4	7448.8	3.4	300/5	22.7
协作大厦	11861.5	11867.5	6.0	11867.5	11872	4.5	300/5	25.0
创世纪广场	437.2	441.4	4.2	441.4	444.4	3.0	600/5	30.0
东闸加油站	2318.9	2320.8	1.9	2320.8	2322.3	1.5	75/5	21.1
	4408.8	4412.2	3.4	4412.2	4414.9	2.7	75/5	20.6
印染厂	3992.4	3995	2.6	3995	3997	2.0	200/5	23.1
胶木板市场	5736.4	5742	5.6	5742	5746.3	4.3	150/5	23.2

开放大道节电工程效益分析　　表 5-28

序　号	节电箱位置	设备型号	年节约电费（万元）
1	大洋加油站北	HTJN-L-3-70	1.9090
2	商检局	HTJN-L-3-50	1.4462
3	协作大厦	HTJN-L-3-60	1.8551
4	创世纪广场	HTJN-L-3-80	2.2271
5	东闸加油站	HTJN-L-3-27	0.7375
6	印染厂	HTJN-L-3-40	1.1570
7	胶木板市场	HTJN-L-3-40	1.1570
年节约电费			10.4889

第6章 单相变压器—高压钠灯降压节电技术

国家统计局的数据显示，2007年，我国路灯总数约120710195盏，随着城乡建设的继续发展，每年新增各种路灯10%以上。2006年，我国城市道路照明用电约490亿kWh，城市道路照明在我国照明耗电中占到了约15%的比例。城市道路照明节电是绿色照明的重要组成部分，将产生巨大的经济效益和社会效益。

从配电网发展改造来看，美国、日本、加拿大等国都广泛采用了单相供电技术。美国、日本等长期致力于发展低成本、高节能变压器。20世纪80年代，美国GE公司生产的50kVA单相卷铁芯变压器，铁损为87 W，铜损为462 W，分别是我国变压器铁损、铜损的51%和53%（我国50kVA S9变压器铁损为170 W，铜损为870 W）。20世纪90年代，日本开始使用厚度为0.18mm和0.23mm的高导磁、低损耗硅钢片制造配电变压器，并在20世纪90年代末大量淘汰了由厚度为0.27 mm硅钢片制造的配电变压器。

2006年4月，由中国电机工程学会在苏州主办的工业企业节电技术研讨会，单相变压器和单相变电、配电技术被列为重点推荐的节电技术。其中，非晶合金低损耗变压器适用于负载时间短的路灯变压器。非晶合金铁芯变压器是利用铁、硼、硅和碳4种元素合成的非晶合金作铁芯材料而制成的变压器，而非晶合金是将合金金属经特高温而后冷却，再经过高速旋转喷射而成的非晶带状薄膜，厚约0.02mm，这种带材是非磁性材料，它可根据不同用途进行磁化后达到所需要的磁通密度。非晶合金变压器的铁芯是由不间断的非晶合金带材卷绕而成的，没有间隙，所以铁磁损失极小，非晶合金变压器与S7系列变压器相比较，空载损耗下降80%，负载损耗下降50%。

城市道路照明目前广泛应用的高压钠灯，由单相变压器供电，组成V/V_0—V/V单相变压器—高压钠灯节电照明系统，可以收到单相变压器节电、下半夜路灯自动降压节电的双重节电效果。

6.1 单相变压器

低压配电有三种制式：单相二线制、单相三线制和三相四线制，前者是基本制式。在同等负荷条件下，三者的导线总质量比分别为1∶5/8∶7/12；线损电量比分别为1∶1/2∶1/2。单相三线制和三相四线制相比，其线损电量无差别，只是导线总质量略大一些。现代电子设备的3次谐波电流含量很大（如电视机约为80%），其对单相三线制的中线电流影响不大。三相四线制中线的3次谐波电流是相线的3倍，导线发热量是相线的15倍，导线联结点因3次谐波电流过热而断线的事故时有发生，甚至导致配电变压器和用电电器损坏。因此，有些供电单位不断加大中线导线截面，甚至与相线导线截面相同，其导线总质量反而比单相三线制增多1/15，由此增加了中线导线3次谐波电流的线损电量。对于有电子器件的现代化单相负荷的配电制式，单相三线配电制式优于三相四线配电制式。

单相变压器和单相变电、配电技术正受到国内外电力部门的重视，被列入重点推荐的节电技术。单相变压器供电的主要优势是针对单相负荷而言的。城市道路照明负荷正好是单相负荷，不需要三相供电，特别适合采用单相变压器供电。

6.1.1 单相变压器的技术优势

目前，在低压配电网中广泛采用"小容量、密布点、短半径"的供电方式，这种供电方式能明显降低低压配电网线损。单相变压器的使用正是落实这种供电方式的重要措施。

1. 损耗小，节电

相同容量的单相变压器比三相变压器用铁量减少20%，用铜量减少10%。尤其是采用卷铁芯结构时，变压器的空载损耗可下降15%以上，这将使单相变压器的制造成本和使用成本同时下降，从而获得最佳的寿命周期成本。

使用同样材料相同容量的单相变压器比三相变压器空载损耗小；单相变压器可使高压线路进一步接近负荷点，缩小了低压供电半径，降低了低压配电网损耗。同容量的单相变压器比三相变压器空载损耗小，从某种角度上说能够更好地适应节能降耗的需要。同容量单相变压器与三相变压器主要性能比较见表6-1。

单相卷铁芯变压器与国标BG/T6451-1999三相变压器主要性能比较

表6-1

容　量（kVA）	D14 单相变压器		S9 三相变压器		D14 与 S9 之差	
	空载损耗（W）	负荷损耗（W）	空载损耗（W）	负荷损耗（W）	空载损耗（%）	负荷损耗（%）
30	60	490	140	800	-57	-38.75
50	85	660	170	1150	-50	-42.61
63	100	790	200	1400	-50	-43.75
80	120	930	250	1650	-52	-43.64
100	140	1100	290	2000	-51.7	-45.00
125	175	1300	340	2450	-48	-46.94
160	200	1500	390	2850	-48.7	-47.30

按年运行8000h计，一台容量为100kVA的D10型单相配电变压器，其空载损耗比同容量的S9型三相配电变压器少1280kWh，一台50kVA容量的则少880kWh。可见，单相变压器和三相变压器的空载损耗相比，平均降低50%以上。

单相变压器制作体积小，架设方便，这使得高压线路可进一步接近、深入负荷点，从而缩小了低压供电半径，起到降低低压配电网损耗的作用。低压配电网的损耗在电网中占有相当大的比例。低压配电网线损偏高的主要原因有两个：一是由于居民用电、商业用电广泛采用三相变压器供电，电源点不宜接近负荷点，导致低压供电半径偏大，低压线损降不下来，同时三相变压器供电时所产生的不平衡电流会对变压器引起附加损耗。二是非技术线损偏高。低压供电半径大，客观上给一些用户带来窃电的可乘之机，增加了用电管理的难度。使用单相变压器供电，可以使高压电源最大程度地贴近用户，大幅度地缩短低压供电距离，这在很大程度上降低了低压线路损耗和防止了窃电的发生。

2. 工程造价相对节省

在电网中采用单相供电系统，可节省导线33%～63%，按经济电流密度计算，可节约导线重量42%，按机械强度计算，可降低导线消耗66%。因此，可降低整个输电线路的建设投资。这在我国地域广阔的农村和城镇的路灯照明及居民生活用电方面是很有意义的。

单相变压器供电，高压分支线为两线架设、低压线路为两线或三线架设；而三相变压器供电，高压分支线为三线架设、低压线路为四线或五线架设。从工程费用上计算，采用单相变压器供电，高压线路可节省10%、低压线路可节省15%的工程造价。

此外，采用单相变压器供电，可节省大量电线、跌落保险器、避雷器，支架金具等材料也相应减少。

3. 提高了供电可靠性

单相变压器的使用适合于小容量密布点的供电方式，客观上会大大增加用户的数量。从统计的角度上讲，增大了可靠性计算的基数，有利于供电可靠系数的提高；从管理的角度上看，负荷紧张限电时拉闸，单台配电变压器的工作会缩小停电范围，也会减小对用户供电可靠性的影响；从结构上说，三相变压器的高、低压三相线圈是共体组装的，任何一相线包出现问题都会引导起整个变压器瘫痪，造成整个台区停电；从技术角度上分析，如果一个地区用一台三相变压器进行供电，无论是 Y/Y_0 或 Δ/Y_0 的接线方式，当一相熔丝因故熔断时，均会出现其余两相电压异常的情况（偏高或偏低），再者由于三相变压器的低压系统是采用380V/220V 三相四线制进行供电的，如果发生零点漂移，则会发生线电压骤升的情况，这些现象都会影响对负荷的正常供电，降低供电可靠性，甚至会引起照明系统及电器设备的损坏，造成恶劣的影响。如果改为单相变压器供电，就会在很大程度上避免这种情况，使供电可靠性得到保障。

6.1.2 单相变压器供电应用示例

我国低压配电系统中广泛使用三相系统。20 世纪 90 年代后期，江苏省、辽宁省等地区开始在部分县市的小区或道路照明中采用单相变压器供电给单相负荷的试点，取得了一些技术数据，为单相变压器供电给单相负荷的应用打下了基础。

1. 江苏省

江苏省苏州市已经有 10 多年采用单相配电系统运行和管理的经验。单相配电的优点是：促进线损降低，提高电压质量，用电相对安全，能够及时发现电气火灾。但是单相变压器供电也存在一些不足，例如，如何适应传统三相负荷的设备用电，针对三相负荷调整的中性线接线方式及保护接地，需要进一步完善。

(1) 苏州梅花新村

苏州梅花新村由三相变压器改为单相变压器供电的线损比较见表 6-2。

50kVA 同容量的单相变压器损耗较三相变压器低。D12-50 单相变压器与 S11-50 三相变压器技术指标比较见表 6-3。从表 6-3可以计算出，采用 D12-50 单相变压器供电比采用 S11-50 三相变压器供电一年可节电 586 kWh。

线损计算比较 **表 6-2**

项目名称	原方案 6×315kVA 三相变压器（kWh/月）	新方案 56×50kVA 单相变压器（kWh/月）
高压损耗	130	193
变压器损耗	10380	9690
低压线损	15966	0
接户线损失	4320	4320
总计	30840	14203
每月供电量	43200	43200
线损率	7.13%	3.28%

D12-50 单相变压器与 S11-50 三相变压器技术指标比较

表 6-3

项　　目	D12-50	S11-50
空载损耗/（W）	72	120
负载损耗/（W）	660	870
空载电流/（A）	0.35	0.75
变压器损耗/（kWh/年）	1151	1737
安装方式	单杆	双杆
低压线损/（kWh/年）	0	5256
低压线损费用/（元/年）	0	2733
全寿命期费用估算/（元）	22585	57623

在住宅小区，无三相电用户的地点安装单相配电变压器向居民供电，可缩短低压供电半径，降低损耗；在负荷密度小、分布广、无三相电用户的地点安装单相配电变压器供电，可节约投资，解决电源点问题。

（2）宿迁市区

2005 年至今，江苏省宿迁市区已广泛安装单相配电变压器。

资料表明，在发达国家电网的损耗中，低压网的损耗比例较小，这是因为家庭平均用电量较大，几乎是每个家庭用电或者是几个家庭用电就设有专用单相配电变压器，低压线路也就是户内部分。可见在发达国家低压配电网中始终贯穿着小容量、密布点、短半径、电源到家的供电方式。因此，针对我国配电网负荷密度、分布等情况，因地制宜地采用单相配电变压器供电模式，将大幅度降低电网损耗，是配电网建设的首选方案。

1）单相配电变压器安装方式和安装地点

单相配电变压器安装方式：单相配电变压器安装可采用单杆悬挂的方式，电杆选用12m重型水泥杆或15m水泥杆。

单相配电变压器安装地点的选择：经过调查研究发现，单相配电变压器的安装地点受地理因素限制少、负荷性质因素制约多。一般来说，当三相配电变压器的供电半径过大，造成末端供电电压偏低，影响用户正常用电时，在供电末端安装单相配电变压器，切割低压网络，缩短低压供电半径，可解决用户电压偏低问题；当三相配电变压器的负荷过重时，根据负荷特点，选择适当的支线安装单相配电变压器，切割转移负荷，可解决增容问题。

2）单相变压器的应用

应用一：根据江苏省电力公司因地制宜推广应用单相配电变压器的相关精神，经过充分调研、勘察、论证，选择了一个有4幢房子16个单元160户居民的城南安置小区做试点，该小区原由1台S7-315/10三相配电变压器供电，低压线路平均供电半径为280m，现改为8台50kVA（每台供2个单元20户）悬挂式单相配电变压器供电，平均低压供电半径为12m。

应用二：梅园小区是1997年拆迁安置小区，该小区用户有一个面粉加工厂、两个小型电焊加工门市部用三相电，32栋两层居民房约200户居民用户用单相电，原先由一台S9-320/10公用变压器供电。2005年夏季，末端居民用户反映电压低，负荷测量该公用变压器已满负荷，将三相用电户和靠近变压器的

16 栋房子由原变压器供电，在原低压线路末端新上 4 台 50kVA 单相变压器分布在原变压器的周围，给余下的 16 栋居民供电，不仅解决电压质量问题，由于供电半径的缩短，还降低了低压损耗。

3）单相变压器的效益

在相同容量下空载损耗下降显著。例如一台容量为 50kVA 的单相配电变压器其空载损耗为 135W，而相同容量下 S9 系列三相配电变压器的空载损耗为 170W，两者相差 35W，按年运行 8000h 计，单相配电变压器比 S9 系列三相配电变压器少损失电量 280kWh。

低压线损下降明显。单相配电变压器的供电半径仅为 10～15m，与三相配电变压器相比，供电半径大大缩短，低压线损明显下降，经过抄表、统计，上述试点小区的低压线损率从 7.61% 下降为 2.72%，月节电量 1810kWh。

电压合格率显著提高。由于低压供电半径大大缩短，线路电压损耗小，到户电压合格率显著提高。

用户供电可靠率得到提高。一台单相配电变压器仅向 10～20户居民供电，当单相配电变压器出现故障时，受影响的居民户数大幅减少，配电线路的供电可靠率得到较大提高。

从台区建设费用来看，建一个 H 型配电台区材料需经费 6000 元左右，而单相配电变压器采用单杆悬挂式，材料经费不足 2000 元。因此，台区费用可节省 2/3 资金。

2005 年至今，宿迁市区已广泛安装单相配电变压器，之所以有如此的力度，是因为该供电模式在配电网改造中已带来了显著的社会效益和经济效益，得到社会的认可。

因此，针对我国配电网负荷密度、负荷分布等情况，采用单相配电变压器供电模式将大幅度降低电网损耗，是电网建设的首选方案。

2. 辽宁省

（1）研制单相配电变压器

DZ_{10}系列单相柱上配电变压器产品执行国家标准《电力变压器》GB－1094－96和美国标准《油浸式配电、电力及调压变压器通用技术要求》ANS/IEEEC57及1200-934。变压器额定容量有5kVA、10kVA、15kVA、20kVA、25kVA、30kVA、50kVA七种，高压侧电压为10kV、10.5kV；低压侧分为单绕组结构0.22kV、0.23kV，双绕组结构为0.22/0.44kV、0.23/0.46kV。其铁芯材料采用进口晶粒取向硅钢片45度斜接缝无冲孔的结构，线圈采用了高强度无氧铜聚乙烯醇溶漆包线绕制而成的圆筒式结构。低压侧双绕组分别为变压器额定容量的1/2。

DZ_{10}系列单相柱上配电变压器是按S_{10}标准设计和生产的，从变压器自身损耗上比现运行的S_9系列三相电力变压器更先进，其性能参数如表6-4所示。变压器器身小而轻，柱上挂式，安装方便同时减少台区费用。

DZ_{10}系列柱上配电变压器参数　　表6-4

容量（kVA）	空载损耗（W）	负载损耗（W）	空载电流（%）	阻抗电压（%）
5	42	145	5.3	4
10	55	255	2.5	4
20	85	425	2.3	4
30	100	570	1.7	4

自单相柱上配电变压器研制推出以来，不足半年的时间在辽宁地区已实施500余台，之所以有如此的力度，是因为该产品和该供点模式得到了社会的认可，特别是在农网改造中已带来了显著的社会效益和经济效益。在国外低压配电网中始终贯穿着小容量、密布点、短半径、电源到家的供电方式。因此，针对我国城乡道路照明负荷，农村电网负荷密度小、分布广的地区，特别是山区或牧区，以及家庭工业比较发达的南方个人企业，优先采用单相配电变压器定会带来显著的经济效益和社

会效益。

单相柱上配电变压器也同样适合城市道路照明负荷，在辽宁省的城市道路照明中正在推广应用。如果应用于道路照明，单相变压器安装在道路中间的绿化带为宜。

需要指出的是：

1）当选用单相配电变压器双绕组单相三线供电时，两个相线上的负荷尽可能均匀分配，其目的是使单相变压器低压侧中间抽头的中性线电流趋于零，使中性线损耗为最小。

2）从改造的实施范例分析可知，配电变压器损耗占整个网损的84%，其中配电变压器的空载损耗占整个网损的62%。从中可以看出，即使农网改造中导线截面选的再大，对降损效果也不够明显，若进一步降损只有在降低变压器空载损耗上采取措施。因此，应尽早推广非晶铁芯单相配电变压器，只有大幅度降低铁芯损耗，才能有望进一步降低农网的电能损耗。

3）非晶合金变压器是指变压器的铁芯材料为非晶态磁性材料2605S2的变压器。其主要成分是铁、硅、硼。如果金属材料从高温熔化为液体后，用特殊的工艺，将液体一次性从喷嘴喷出，然后迅速进行冷却，在原子来不及进行排列时就被凝固冻结，这时的原子排列方式还类似于液体，是混乱的，这就是非晶合金。其单片厚度为0.02mm，而硅钢片一般为0.3mm，硅钢片的厚度是非晶合金的15倍。由于非晶合金具有优良的导磁性能，非晶合金变压器空载损耗比冷轧硅钢片变压器要减少70%~80%。目前，非晶合金变压器SBH15-50kVA采购价30120元、SBH10（干式）采购价35600元。

（2）清原县

抚顺市清原满族自治县地处辽北地区，其中有一个山沟居住23户人家，在村头设有SJ-20kVA变压器一台，向长达820m的深沟里单相两线供电。由于供电半径远远超出了允许供电半径，电压损失严重，电能损失大，特别是高峰用电阶段电压损失率可达30%左右，供电最末端用户荧光灯不能启动，电视机无图像等，严重影响了用户的用电质量，电能损失率高达40%，造成电价偏高。

通过对该供电区分析表明，该变压器常年处于轻载运行状态，最大负荷时负载率不足40%，历史资料表明最大负荷月电量为600kWh。该地区农网改造时选用一台 DZ_{10} –10/10 型单相柱上配电变压器，并设在接近负荷中心，距首端311m处，采用单相三线制向两侧供电，其负荷均匀分配。改造前后的月电能损耗对比如表6-5所示。

改造前后月损耗电量对比 **表6-5**

	变压器月损耗电量(kWh)	线路月损耗电量(kWh)	改造后网损下降率(%)
改造前	161.08	86.033	
改造后	53.2	10.33	74.29

应用的综合效益分析：

变压器相同容量的情况下，空载损耗下降显著。例如一台容量为10kVA的 DZ_{10} 型单相配电变压器其空载损耗为48W，而相同容量下 S_9 系列三相配电变压器的空载损耗为80W，两者相差32W，按年运行8000h计，DZ_{10} 系列比 S_9 系列少损失电量256kWh。

由实施范例可知，清原县农电系统电费取价为0.65/kWh，若改造前后电价为常数，该供电区改造后每年可节省人民币为1431.92元，户均年节电费用62.26元。若改造前后月购电量等同均为600kWh，则：

改造前农户实用电量为600 –（86.03 +161.08）=352.89kWh；

改造后农户实用电量为600 –（10.33 +53.2）=536.48kWh。

电费下降值为34.22%，则改造以后实用电价为0.427元/kWh，每kWh可下降0.22元。

3. 河北省

河北南部的大部分配电网经过近几年的建设与改造，特别是经过农网改造和新农村电气化村的建设，10kV线路已基本能满足城乡用电需求，但在个别地区，特别是城乡结合部，还存在着因小工业及居民生活用电增容迅猛、电压合格率低、家用电器无法正常工作等现象。河北省电力公司为解决低压配电网中存在的线损负荷高、电压质量差等问题，提出了“10kV线路深入负荷中心，配电变压器小容量、密布点”的总体思路，并按照缩短低压供电半径的原则，采用单相配电变压器供电。

根据河北南网各地区单相配电变压器使用情况来看，单相配电变压器大多适合于以下场所：

（1）城乡结合部及市内租赁户的居民用电，可采用10~20多户共用一台单相变压器供电方式；

（2）对于市区以外或经济较发达乡镇地区，可采用单相配电变压器或三相配电变压器共用方式，单相配电变压器供居民照明，三相配电变压器供小工业用电；

（3）对于路灯照明、景观照明、霓虹灯、广告牌等不需要三相供电的负荷，采用单相配变电变压器供电；

（4）对于市内拆迁建筑或搬迁户安置房，可采用单相配电变压器，施工及拆卸均较方便。

单相变压器的使用目前在我国刚刚起步，需要借鉴国外单相配电变压器在降损节能及环保等方面的先进经验，研究国外使用单相配变的成功案例，不断探索单相配电变压器的使用优势。针对目前我国配电网负荷密度、负荷分布等实际情况，按照小容量、密布点的总体思路，结合当地实际情况，因地制宜地采用单相配电变压器的供电模式，同时根据单相配电变压器在降损、节能、环保等方面的实际数据做好测量分析工作，为单相配电变压器推广提供实践依据。

6.1.3 城市道路照明专用单相变压器

我国已经有单相电力变压器的设计序列。针对城市道路照明负荷的特点，有必要设计制造路灯专用单相变压器系列。

1. 道路照明单相变压器接线

目前厂家生产的单相变压器是已经退火工艺处理的优质冷轧硅钢片为铁芯材料，采用卷铁芯技术制作，其空载损耗、负载损耗和运行噪声都比 S9、S11 三相变压器下降了许多。联结组别标号为 I、I_0。接线方式主要有两种：

（1）低压侧三抽头式。低压绕组为 380V 单绕组带中性线，当中性线接地时，形成两个 220V 的绕组。低压侧三抽头式变压器接线图如图 6-1（*a*）所示，图中，a_1、a_2 为相线，x 为中性线。

（2）低压侧四抽头式。低压侧绕组为双绕组，两个绕组之间无电气连接，高压侧 10kV，两个低压侧均为 220V。低压侧四抽头式变压器接线如图 6-1（*b*）所示，图中，a_1、a_2 为相线，x_1、x_2 为中性线。

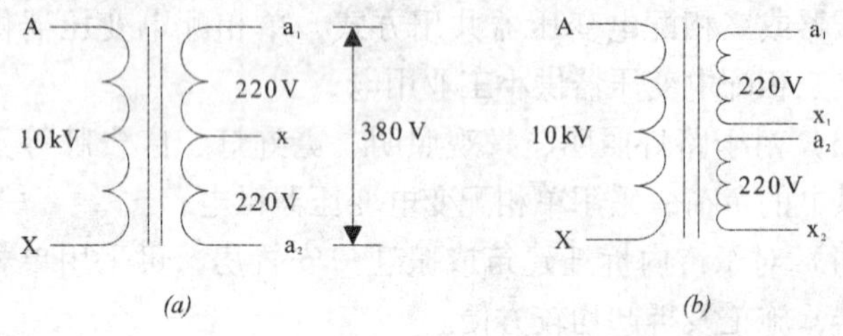

图 6-1　单相变压器接线图

城市道路照明专用单相变压器采用图 6-1（*a*）所示 V/V_0 的接线方式，该方式适合于城市道路分两侧布置的路灯的接线，而且这种接线线路损耗比较小。

2. 单相变压器使用时应注意的问题

（1）出口电流平衡

单相变压器的高压搭头应考虑尽量使变电站 10kV 线路出口三相电流平衡。如果 10kV 出线三相电流不平衡，既会增加主变压器的附加损耗，还会在系统内产生负序电压，严重时可能使主变压器后备复合电压闭锁过电流保护开放其闭锁回路，导致保护装置误动作。因此，一个城市多台道路照明专用单相变压器10kV侧，应交替接入三相电源，这样可以做到负荷基本平衡。

（2）变压器接近负荷中心

单相变压器供电时，尽量使变压器靠近负荷点。目前国内外有一些城市道路照明采用中压供电方式，可以在道路中间的绿化带中设置小型路灯开关站，10kV进线供电，几路出线，每隔1km左右安装单相变压器一台。

（3）变压器容量

应进行负荷预测，选取适当容量的配电变压器，一般情况下单台变压器的容量以50kVA左右为宜，给1km范围内的道路照明供电。

单相配电目前在应用中存在的问题有：单相变压器自身损耗与同系列三相变压器相比，两台单相变压器V/V连接时处理中性线的接线方式，使用环境和负荷同时系数，低压剩余电流保护设备设置，负荷平衡，完善单相系统投资的经济评价方法。这些都有待在道路照明的应用中研究。

6.2 高压钠灯的技术参数

高压钠灯（辐射成分中有比较多的黄色光）是一种高强度气体放电灯，是绿色照明工程推荐的一种电光源。高压钠灯利用10000Pa高气压的钠蒸气放电发光，其光谱集中在人眼较为敏感的区域，发光效率为100lm/W，比高压汞灯高1倍，而且使用寿命长达20000h以上，特别是在雾天，其金黄色的光线穿透性能非常好，在全世界各国的城市道路照明中广泛应用。

6.2.1 高压钠灯产品型号

1. 高压钠灯产品分类

国家标准GB/T13259-2005分别以灯的显色指数、启动方式、玻壳形式，对高压钠灯产品进行分类。

（1）按显色指数分为：普通型、中显色型、高显色型高压钠灯；

（2）按启动方式分为：内启动式和外启动式高压钠灯；

（3）按玻壳形式分为：E 形（椭圆形）和 T 形（管形）高压钠灯。

2. 高压钠灯型号

国家标准规定了高压钠灯产品型号的命名和编写规则。高压钠灯型号表示由 5 部分组成：第一部分表示高压钠灯的代号；第二部分表示高压钠灯的显色性；第三部分表示高压钠灯的额定功率；第四部分表示高压钠灯的启动方式；第五部分表示高压钠灯的玻壳形式。其中第五部分可自行取舍。

型号表示示例如下，以 250W 高显色性、内启动式、E 形玻壳高压钠灯为例：

N G G 250 N E

其中，第一部分（字母）NG 表示高压钠灯；

第二部分（字母）G 表示高显色性（中显色性为 Z，普通型则省略）；

第三部分（数字）250 表示高压钠灯功率为 250W；

第四部分（字母）N 表示内启动式（如为外启动式，则省略）；

第五部分（字母）E 表示高压钠灯采用椭圆形玻壳（管形玻壳为 T，可省略）。

6.2.2 高压钠灯的技术特性

高压钠灯是一种高强度气体放电灯，利用高气压的钠蒸气放电发光。高压钠灯是目前世界上在道路照明中应用得最广泛、光效最高的照明光源之一，也是我国绿色照明工程倡导首选应用的节能型照明产品。

高压钠灯是继白炽灯、荧光灯之后的第三代照明光源。据行业统计，我国目前高压钠灯的主要生产厂家有 32 家，其年产量为 1700 万只。2005 年 8 月 1 日开始实施的新国家标准 GB/T13259-2005（高压钠灯），规定了高压钠灯的尺寸和光电特性，给出了与其配套的镇流器、触发器、灯具的设计参数，标准中的技术内容对应于国际电工委员会IEC60662：2002（高压钠灯）标准。

GB/T13259-2005（高压钠灯）分别以灯的显色指数、启动方式、玻壳形式，对高压钠灯产品进行分类。按显色指数分为普通型、中显色型、高显色型；按启动方式分为内启动式和外启动式；按玻壳形式分为E形（椭圆形）和T形（管形）。外启动式高压钠灯的燃点电路中必须与配套镇流器串联使用外，还要在灯泡两端并联一个触发器后，高压钠灯方可正常使用。典型高压钠灯的技术参数见表6-6。我国某厂生产的高压钠灯技术参数如表6-7所示。某厂生产的高压钠灯电子镇流器特性如表6-8所示。

典型高压钠灯的技术参数 **表6-6**

高压钠灯类型	功率（W）	光通量（lm）	光效（lm/W）	色温（K）	显色指数（R）
标准型（内涂荧光粉的椭球外壳）	50	3450	69	1950	23
	70	5600	80	1950	23
	150	14500	97	1950	23
	250	26500	106	1950	23
	400	49000	122	1950	23
	1000	130000	130	1950	23
标准型（透明管状外壳）	70	5900	84	1950	23
	150	14500	97	1950	23
	250	27500	110	1950	23
	400	48000	120	1950	23
	1000	125000	125	1950	23
充高压氙气型（内涂荧光粉的椭球外壳）	100	1000	100	1950	23
	125	16000	107	1950	23
	250	30000	120	1950	23
	400	56000	140	1950	23

续表

高压钠灯类型	功率（W）	光通量（lm）	光效（lm/W）	色温（K）	显色指数（R）
充高压氙气型（透明管状外壳）	50	4600	92	1950	23
	70	6800	97	1950	23
	100	11000	110	1950	23
	150	16000	107	1950	23
	250	31500	126	1950	23
	400	55000	138	1950	23
替代汞灯型	220	20000	91	1950	23
	350	34500	99	1950	23
显色改善型（内涂荧光粉的椭球外壳）	150	12250	82	2200	60
	250	22000	88	2200	60
	400	38000	95	2200	60
显色改善型（透明管状外壳）	150	12700	85	2200	60
	250	22000	88	2200	60
	400	40000	100	2200	60
白光高压钠灯（透明管状外壳）	35	1300	37	2500	85
	50	2300	46	2500	85
	100	4800	48	2500	85
填物生长高压钠灯	400	54000	127	2000	23

1. 伏—安特性

高压钠灯同其他气体放电灯一样，工作在弧光放电状态，其伏—安特性曲线为负斜率，即灯泡电流上升，而灯泡电压却下降。在恒定电源条件下，为了保证灯泡稳定地工作，电路中必须串联一个具有正阻特性的电路元件来平衡这种负阻特性，稳定工作电流，该元件称为镇流器。电感式镇流器损耗小，阻抗稳定，使用寿命长，灯泡的稳定度好，目前与高压钠灯配套使用的镇流器均为电感式镇流器。近年来，电子镇流器已经出现，但其可靠性还不能与功率较大的高压钠灯相匹配，一般情况下较少被采用，有待进一步研究。

我国某厂生产高压钠灯的技术参数 **表 6-7**

型号	电源电压（V）	额定功率（W）	灯电压（V）	灯电流（A）	光通量（lm）	平均寿命（h）	最大直径（mm）	最大总长（mm）
NG70	220	70	90	0.98	5160	8000	37.5	170
NG100		100		1.20	8180			
NG150		150	100±20	1.80	13350	10000	46	210
NG250		250		3.00	23140			250

高压钠灯电子镇流器的输入输出特性 **表 6-8**

灯功率（W）	电流（A）	输入频率（Hz）	功率（W）	功率因数	谐波畸变（%）	灯电流波峰比	功率（W）	输出频率（Hz）	自身损耗（%）
70	0.32	50~60	72.10	>0.99	<10	<1.50	68	25~100	<10
100	0.52	50~60	113.40	>0.99	<10	<1.50	105	25~100	<10
150	0.70	50~60	158.60	>0.99	<10	<1.50	145	25~100	<10
250	1.20	50~60	264.00	>0.99	<10	<1.50	245	25~100	<10
400	1.80	50~60	417.00	>0.99	<10	<1.50	395	25~100	<10
600	2.80	50~60	609.27	>0.99	<10	<1.50	566	25~100	<10
1000	4.32	50~60	1050.00	>0.99	<10	<1.50	980	25~100	<10

2. 启动特性

高压钠灯启动后，在初始阶段是汞蒸气和氙气的低气压放电。这时，灯泡工作电压很低，电流很大；随着放电过程的继续进行，电弧温度渐渐上升，汞、钠蒸气压由放电管最冷端温度所决定，当放电管冷端温度达到稳定后，放电便趋向稳定，灯泡的光通量、工作电压、工作电流和功率也处于正常工作状态。在正常工作条件下，整个启动过程约需 4～8min。

3. 电源电压变化对光、电参数的影响

电源电压的波动必将引起灯泡光、电参数的变化，电源电压上升将引起灯泡工作电流增大，促使放电管冷端温度提高，汞、钠蒸气压增高，工作电压、灯泡功率随着增高，造成灯泡寿命大大缩短。反之，电源电压降低，灯的发光效率下降，还可能造成灯泡不能启动或自行熄灭。所以，要求用户在灯泡使用时，电源电压的波动不宜过大。

4. 熄弧电压试验

高压钠灯熄弧电压试验的过程比较复杂，而测试结果的一致性往往比较差。试验是在额定电源电压下，配用基准镇流器，首先以人工加热高压钠灯放电管的方法，使灯的电压达到参数中规定的目标值。然后，在 0.5s 时间内，迅速将额定电压从 100% 降至 90%，并维持至少 5s，在整个试验过程中，高压钠灯应保持正常燃点而不熄灭。

5. 高压钠灯的能效标准

《高压钠灯能效限定值及能效等级》GB19573 - 2004 规定（该标准的适用范围为：作为室外照明用的，带有透明玻壳的高压钠灯），功率范围为 50～1000W，配以相应的镇流器和触发器，在额定电压的 92%～106% 的范围内正常启动和点燃。

高压钠灯能效等级分为 3 级，1 级最高，各等级的光效值不低于表 6-9 中的规定。高压钠灯能效限定值为表 6-9 中能效等级的 3 级，并且单个样本的初始光效值不应低于 3 级的 90%。其光通维持率应在燃点到 2000h 时，50W、70W、100W、1000W 不应低于 85%，150W、250W、400W 不应低于 90%。高压钠灯节能评价值不应低于表 6-9 中能效等级的 2 级，并且单个样本的初始光效值不应低于 2 级的 90%。其光通维持率应在燃点到 2000h 时，50W、70W、100W、1000W 不应低于 85%，150W、250W、400W

不应低于90%。

高压钠灯能效等级　　表6-9

额定功率（W）＼最低平均初始光效值（lm/W）＼能效等级	1级	2级	3级
50	78	68	61
70	85	77	70
100	93	83	75
150	103	93	85
250	110	100	90
400	120	110	100
1000	130	120	108

《高压钠灯用镇流器的能效限定值及节能评价值》GB19574-2004规定（该标准的适用范围为：额定电压为220V、频率为50Hz的交流电源），额定功率为70～1000W高压钠灯用的独立式和内装式电感镇流器。在高压钠灯镇流器标准中增加了能效限定值的要求，而且没有规定能效等级。该标准规定，不同额定功率高压钠灯用镇流器的能效限定值、目标能效限定值和节能评价值，分别不应小于表6-10中规定的各个值。

高压钠灯用镇流器的能效限定值和节能评价值　　表6-10

额定功率（W）		70	100	150	250	400	1000
BEF	能效限定值	1.16	0.83	0.57	0.340	0.214	0.089
	目标能效限定值	1.21	0.87	0.59	0.354	0.223	0.092
	节能评价值	1.26	0.91	0.61	0.367	0.231	0.095

在表6-10中，镇流器能效因数BEF是我国评价镇流器能效的指标，其计算公式为：

$$BEF = 100\mu/P \tag{6-1}$$

式中 BEF——镇流器能效因数，1/W；

μ——镇流器流明系数；

P——线路功率，W。

6.2.3 高压钠灯降压节电应用

高压钠灯照明节电有很大的潜力。除了选择高效灯具之外，要更严格的实施半夜灯，也就是在深夜，适当降低加在灯上的电压，同时也降低路面的亮（照）度水平，在不影响深夜道路照明的前提下节电。

1. 城市道路照明现状

近年来，我国城市道路照明与城市照明进一步融合，扩大了城市道路照明的市场规模。道路照明市场将在未来几年间发展为城市照明市场。包括城市夜景照明、公共照明、商业照明、道路照明。不少新建或改建的城市道路照明亮（照）度几倍甚至上十倍地高于国际照明委员会CIE和我国的推荐值。有关资料显示，一批大中城市的一些道路平均照度达45lx（亮度在3 cd/m^2）以上，有的道路平均照度甚至达到140lx。

我国建设部和有关城市道路照明标准如表6-11所示。表6-11中的数值为最低值。

建设部和深圳市、杭州市道路照明标准　　表6-11

道路	建设部标准（CJJ 45-91）		深圳市标准平均照度（lx）	杭州市标准		
	平均照度（lx）	平均亮度（cd/m^2）		平均照度（lx）	平均亮度（cd/m^2）	路面亮度均匀度
快速道	20	1.5	30	20	1.5	0.40
主干道	15	1.0	25	20	1.0	0.35
次干道	8	0.5	15	8	0.5	0.35
支　路	5	0.3	8	5	0.3	0.30

城市照明是现代城市基本建设的重要组成部分，城市照明包括功能性照明和装饰性照明，从亮起来—美起来—光文化（防止光污染，实施绿色照明）。一般情况下，城市道路照明的亮（照）度并不要太高。超过照明标准将造成不良的影响。

2. 高压钠灯降压供电的可行性

（1）城市路灯供电的需要

路灯供电线路设计时，为了避免送电过程中的线路损耗，及用电高峰时末端电压过低而造成路灯不能点亮，路灯变压器确定输出电压一般高于额定值的5%以上，随着电网电压的波动，路灯供电电压时高时低，特别是午夜用电低谷时，电网电压会更高，路灯变压器输出电压会超出正常电压的15%以上，高达240V。例如，宁波市3万余盏路灯的电源几乎都是从公用变压器接出的。为了确保用电高峰时的电压，公用变压器的输出电压都调得较高，以致到下半夜用电低谷时，电网电压升高，有的高达240V以上。广州路灯的85%是由公用变压器供电，广州市东区供电局2003年9月实测，路灯在凌晨2:00~4:00时电压高达243V。城市路灯下半夜电压普遍超过230V，这样将增加高达22%的耗电量。

（2）调节电压节能是可行的方法

理论上，高压钠灯消耗的电功率和电压关系可以用方程式来表示：

$$P = U^2/Z \tag{6-2}$$

式中 P——功率，W；

U——电压，V；

Z——高压钠灯的阻抗，Ω。

在电压下降时，光源消耗的电功率随之下降（在不考虑电压降低前后高压钠灯阻抗的变化的情况下，下降幅度为电压的平方）。由于高压钠灯具有相对较宽范围的电压工作特性，使得光源在电压较低（甚至可以低于180V以下）情况下，还可正常的工作。

随着电网设施的改善，电压质量相对较高。2005年，广州城市道路照明容量为3万kW以上。采取了一些应急的节电措施：三相供电的路灯停一相；双侧布置的路灯停一侧。这样不仅导致道路的照度不均匀，而且加速下半夜电网电压升高对路灯寿命的减损，不是真正意义上的节能。只有在保证照明效果下“点着灯节电”才是科学合理的。

调节电压节能时，通常会降低工作电压至额定电压以下，理论上功率随电压的降低而大幅度降低，而实际节能效果通过测试可以得出，广州供电局路灯管理所在经过对多台节能设备的测试中，发现节能设备实际节电率基本接近按式（6-2）的理论计算值，测试结果见表6-12。

电压降低和耗电量对比（与额定电压时比较）　　**表6-12**

电压（V）	功率（kW）	电压降低百分比（%）	节电率（%）	
			实际测试值	理论计算值
220	24			
210	21.6	4.55	10	8.8
200	19.3	9.09	19.58	17.35
190	17.4	13.64	27.5	25.42
180	15.2	18.18	36.67	33.05

随着电压的降低，光源的输出光通量也发生了变化，从而影响到道路照明的亮（照）度，在测试中得到的数据见表6-13。

电压降低和照度对比（与额定电压时比较）　　**表6-13**

序号	节能输出电压（V）			照度（lx）	电压降低率（%）	照度降低率（%）
1	222.7	222.6	221.9	7.2		
2	210.7	210.5	2.9.9	6.6	5.41	8.33
3	200	200	200	5.6	10.07	22.22
4	188	191.3	189.3	4	14.75	44.44
5	182.5	182.1	180.2	3.5	18.35	57.39

（3）电压降低对光源正常运行的影响

虽然高压钠灯可以在低于额定电压下运行，但要保证光源较佳的工作状态，电压不宜太低，尤其考虑光源使用一段时间后的工作电压升高，电压调节的节能方式不适宜在线路正常电压不高、线路供电压降大的情况下使用，否则会因为节能而造成末端路灯不能正常工作甚至熄灭，或者达不到预期的节能效果（意味着可能无法从节约的电费中收回投资成本）。除了电压和线路方面的考虑，照明设施的安装条件还可能影响到设备正常使用，在实际的应用中发现，安装在高架路上的路灯更容易受到电压变化的影响。

有关的电工手册中也提到，高压钠灯在使用中，当供电电压突然下降10%时，有可能造成灯泡自行熄灭。还有的电工技术手册甚至提出："对于高压钠灯，电源电压不能波动过大，如突然下降5%可能自行熄灭。"

根据高压钠灯熄弧电压试验和国家标准GB/T13259-2005附录F：高压钠灯熄灭电压值的测量方法的试验，高压钠灯正常点燃之后，将灯具电压突然降至190V，甚至180V，高压钠灯都不会熄灭。因此，高压钠灯可以实施降压供电。

一般情况下，高压钠灯的供电电压降至200V左右为宜。

6.3 负荷平衡

电能质量除了电压、频率等参数外，一般还采用谐波、电压偏差、三相不平衡度、电压波动及闪变等参数来描述其性能。因此，三相不平衡度是电能质量的重要指标之一。

6.3.1 引起负荷不平衡的因素

目前，城市道路照明负荷一般是从电网经10/0.4kV变压器降压后，以三相四线制向用户供电。以三相用电负荷与单相用电负荷混合用电的网络，在三相四线制线路网络中引起负荷不平衡的因素主要有以下几个方面：

（1）单相负荷在三相电力线路上分配不均，特别是一些大功率单相负荷的投入会引起电力线路三相负荷的不对称；

（2）随着用电负荷的不断增加，一些变电站所习惯于用单相或两相线路作为一个区域的照明干线，这种接线方式会引起较大的接线不对称性；

（3）单相用电设备虽然均匀分配在各相线路上，但各单相用电设备不同时运行也将引起电力线路负荷的不对称。

6.3.2 三相负荷不平衡的危害

在低压电网中，三相负荷是难以完全对称的。但三相负荷不对称度过大，将给供用电设备带来许多不良影响。

1. 对电力系统的影响

三相负荷不平衡将引起以负序分量为启动元件的多种保护发生误动作（特别是电网中存在谐波时），严重威胁着电网的安全运行。电力系统三相不平衡会增大对通信系统的干扰，影响正常通信质量。

2. 对配电变压器的影响

三相负荷不平衡将增加变压器的损耗，变压器的损耗包括空载损耗和负载损耗。正常情况下，变压器运行电压基本不变，即空载损耗是一个恒量。而负载损耗则随变压器运行负荷的变化而变化，且与负荷电流的平方成正比。当三相负荷不平衡运行时，变压器的负载损耗可以看成三只单相变压器的负载损耗之和。变压器处于三相负荷最大不平衡运行状态时的变压器损耗是处于平衡时的 3 倍。变压器的三相负荷不平衡，不仅使负荷较大的一相绕组过热，导致其寿命缩短，而且还会因磁路不平衡造成附加损耗。

3. 对用户的影响

三相负荷不平衡，一相或两相负荷重，必将增大线路中的电压降，降低电能质量，影响用户的电器使用。影响用户供电，轻则带来不便，重则造成较大的经济损失，中性线烧断，还可能造成用户大量低压电器被烧毁的事故。三相负荷不平衡，还会引起旋转电机的附加发热和振动，危及其安全运行和正常出力。

若三相负荷不平衡，且功率因数较低，则可以用三相不同容量的电容器组作为平衡装置，装置的总容量由无功功率补偿条件来确定。电容器的三相容量分配使负序电流得到补偿，一般情况下，用两相容性元件接到不同的线电压上来实现补偿。电容器组的容量和接到哪两相之间取决于负序等值电流的相角。

对于采用单相变压器配电的城市道路照明系统，因为每一台单相变压器二次侧只带两相负荷，因此负荷平衡问题是需要研究、探讨的。道路照明负荷有自己的特点：专用变压器供电，负荷（路灯）规格型号统一，负荷沿道路两侧均匀布置，负荷由相电压在夜晚供电。这些特点使单台变压器供电的两相负荷比三相变压器供电的三相负荷容易做到平衡，从这方面看，道路照明单相供电系统反而有它的优势。

首先从单相变压器的理论分析入手，研究道路照明三相负荷平衡的问题。

6.3.3 V/V_0 接线变压器理论分析

V/V_0 接线变压器接线如图 6-2 所示。分析时忽略变压器的漏阻抗及励磁电流。

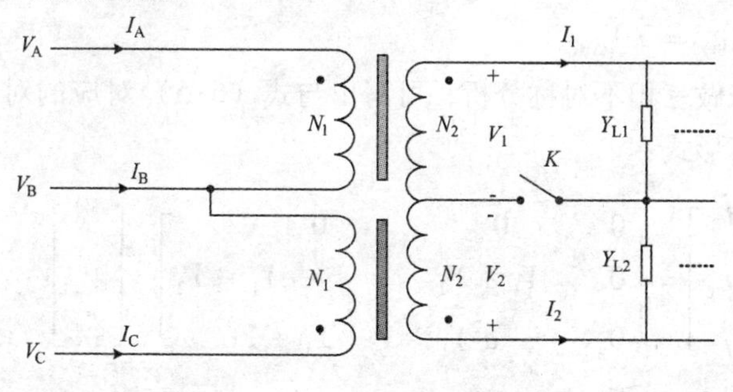

图 6-2 V/V_0 接线变压器

1. 中性线接触器 K 合上

在图 6-2 中，当变压器二次侧中性线上的接触器触点 K 吸合时：

令 $\alpha = N_1/N_2, \beta = N_2/N_1$。其中，$N_1$、$N_2$ 分别为一、二次绕组的匝数。

$$\left.\begin{array}{l}\dot{V}_{AB} = \alpha \dot{V}_1, \dot{V}_{CB} = \alpha \dot{V}_2, \dot{I}_A = \beta \dot{I}_1, \dot{I}_C = \beta \dot{I}_2 \\ \dot{I}_A + \dot{I}_B + \dot{I}_C = 0\end{array}\right\} \tag{6-3}$$

$$\left.\begin{array}{l}\dot{I}_A = \beta \dot{I}_1 = \beta Y_{L1} \dot{V}_1 = \beta^2 Y_{L1} \dot{V}_{AB} = \beta^2 Y_{L1}(\dot{V}_A - \dot{V}_B) \\ \dot{I}_C = \beta \dot{I}_2 = \beta^2 Y_{L2} \dot{V}_{CB} = \beta^2 Y_{L2}(\dot{V}_C - \dot{V}_B) \\ \dot{I}_B = -(\dot{I}_A + \dot{I}_C) = -\beta^2 Y_{L1} \dot{V}_A + \beta^2 (Y_{L1} + Y_{L2}) \dot{V}_B - \beta^2 Y_{L2} \dot{V}_C\end{array}\right\} \tag{6-4}$$

其中，Y_{L1}，Y_{L2} 分别为二次侧每相的总阻抗的倒数，总阻抗包括线路阻抗和负载阻抗。

其矩阵形式为：

$$\begin{bmatrix}\dot{I}_A \\ \dot{I}_B \\ \dot{I}_C\end{bmatrix} = \begin{bmatrix} Y_1 & -Y_1 & 0 \\ -Y_1 & Y_1 + Y_2 & -Y_2 \\ 0 & -Y_2 & Y_2\end{bmatrix}\begin{bmatrix}\dot{V}_A \\ \dot{V}_B \\ \dot{V}_C\end{bmatrix} \tag{6-5}$$

式中，$Y_1 = \beta^2 Y_{L1}$，$Y_2 = \beta^2 Y_{L2}$，　　简记为：

$$\dot{I}_{ABC} = Y \dot{V}_{ABC} \tag{6-6}$$

若做三相不对称分析，可写出与式（6-5）对应的对称分量的矩阵形式：

$$\begin{bmatrix}\dot{I}_0 \\ \dot{I}_+ \\ \dot{I}_-\end{bmatrix} = \begin{bmatrix} 0 & 0 & 0 \\ 0 & Y_1 + Y_2 & -aY_1 - Y_2 \\ 0 & -a^2 Y_1 - Y_2 & Y_1 + Y_2\end{bmatrix}\begin{bmatrix}\dot{V}_0 \\ \dot{V}_+ \\ \dot{V}_-\end{bmatrix} \tag{6-7}$$

简记为：　$\dot{I}_{0+-} = Y' \dot{V}_{0+-}$　(6-8)

式中，$a = e^{j120°}$

这是因为

$\dot{I}_{ABC} = C \dot{I}_{0+-}$，$\dot{V}_{ABC} = C \dot{V}_{0+-}$

$Y' = C^{-1} YC$

若假定电网容量足够大，则三相电压不含零序、负序分量，这时可以只分析电流的正序分量和负序分量（无零序分量）。线路的总负荷为：

$$\left.\begin{aligned}\dot{I}_{A} &= \sum_{n} \dot{I}_{Ai}\\ \dot{I}_{B} &= \sum_{n} \dot{I}_{Bi}\\ \dot{I}_{C} &= \sum_{n} \dot{I}_{Ci}\end{aligned}\right\} \quad (6\text{-}9)$$

2. 中性线上的接触器 K 主触点断开

$$\left.\begin{aligned}&\dot{V} = \dot{V}_{1} - \dot{V}_{2} = \beta(\dot{V}_{AB} - \dot{V}_{CB}) = \beta(\dot{V}_{A} - \dot{V}_{C})\\ &\dot{I}_{1} = (Y_{L1} + Y_{L2})\dot{V} = \beta(Y_{L1} + Y_{L2})(\dot{V}_{A} - \dot{V}_{C})\\ &\dot{I}_{2} = -\dot{I}_{1}\end{aligned}\right\} \quad (6\text{-}10)$$

一次侧三相电流的矩阵形式为：

$$\begin{bmatrix}\dot{I}_{A}\\ \dot{I}_{B}\\ \dot{I}_{C}\end{bmatrix} = \begin{bmatrix}Y_{12} & 0 & -Y_{12}\\ 0 & 0 & 0\\ -Y_{12} & 0 & Y_{12}\end{bmatrix}\begin{bmatrix}\dot{V}_{A}\\ \dot{V}_{B}\\ \dot{V}_{C}\end{bmatrix} \quad (6\text{-}11)$$

式中，$Y_{12} = \beta^{2}(Y_{L1} + Y_{L2})$

同理，可写出其对称分量的矩阵方程，做三相不对称分析。

3. 等效电路及不对称度估算

以中性线接触器 K 合上为例。

将从变压器一次侧向系统看进去的部分用戴维南定理等效，可列出方程

$$\begin{bmatrix}0\\ \dot{E}_{S}\\ 0\end{bmatrix} = \begin{bmatrix}Z_{0} + 3Z_{N} & 0 & 0\\ 0 & Z_{S} & 0\\ 0 & 0 & Z_{S}\end{bmatrix}\begin{bmatrix}\dot{I}_{0}\\ \dot{I}_{+}\\ \dot{I}_{-}\end{bmatrix} + \begin{bmatrix}\dot{V}_{0}\\ \dot{V}_{+}\\ \dot{V}_{-}\end{bmatrix} \quad (6\text{-}12)$$

式中 $\dot{E}_{S}$、Z_{S} ——系统的一相等效电势和阻抗；

Z_{0}、Z_{N} ——分别为系统的零序阻抗和系统的中线接地阻抗。

根据式（6-7）和（6-12），可得到图6-3所示的正、负序合成等效电路。

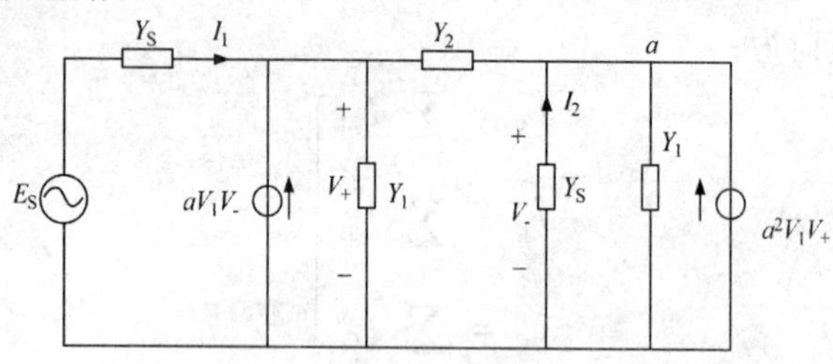

图6-3　V/V-接变压器正、负序合成等效电路

取 a 点列写KCL方程，有：

$$\dot{I}_2=-Y_S\dot{V}_-=-a^2Y_1\dot{V}_++Y_1\dot{V}_-+Y_2(\dot{V}_--\dot{V}_+)$$

即 $(a^2Y_1+Y_2)\dot{V}_+=(Y_1+Y_2+Y_S)\dot{V}_-$

$$\left|\frac{\dot{V}_-}{\dot{V}_+}\right|=\left|\frac{a^2Y_1+Y_2}{Y_S}\right|$$

式中，$Y_S=\frac{1}{Z_S}$

可见，不对称度与所带负荷及系统参数有关。

从变压器理论分析，就一台 V/V_0 接线变压器而言，不可能做到三相平衡。尤其是当中性线断开后，三相不对称度加剧。但是，采用多台 V/V_0 接线的变压器供电，且轮换各台变压器一次侧的两相进线；适当分配每台变压器的负荷，可以使不对称度大大减小，理论上可以做到三相对称。城市道路照明系统都是由多台变压器供电，而且路灯规格统一、负荷均衡，因此，V/V_0 变压器—路灯照明供电系统可以做到三相对称。也就是说，V/V_0 变压器—路灯节电照明系统是可以推广应用的城市道路照明半夜灯实施方案。

我国城市道路照明管理组织机构完善，全国有城市路灯管理处约506家，其中，建设局、城建局管理的282家，占56%；

市政、城管管理的139家，占28%；电力公司管理的68家，占13%，其他17家，占3%。

我国城市路灯数目巨大，路灯变压器台数很多。据统计，2006年北京市有路灯16.7万盏，路灯变压器1567台；至2010年，北京路灯保有量为22万盏。上海市2009年统计，全市公共道路有23万盏高压钠灯。深圳现有主干道75313 km、面积288316万m^2，次干道154412 km、面积289314万m^2，社区道路62013 km、面积1361万m^2，安装市政路灯185348盏，总功率66572167W。深圳有大小公园303个，面积15765195 hm^2。

有城市路灯管理处的有效管理，在三相路灯变压器改为小容量的单相变压器之后，每个城市的路灯变压器数目将非常多。只要将变压器的一次侧的两根电源线交替接入10kV三相交流电网，就能够做到路灯负荷三相基本平衡。

6.4 V/V_0—V/V 单相变压器—高压钠灯降压节电技术

根据高压钠灯在不同电压下的光电参数及寿命特性，推导出了城市道路照明灯具的最佳供电电压：上半夜为额定电压220V，下半夜为最佳电压200V，组成V/V_0变压器—高压钠灯照明节电新系统。

6.4.1 高压钠灯降压调光试验

将高压钠灯送至生产厂家和权威检测机构测定降压前后的光电参数，确定高压钠灯电压突然降低10%时，高压钠灯应能继续保持点燃；同时，获取降压后的节电数据。

1. 南京772厂测试

2003年6月20日，南京专业生产高压钠灯的772厂钠灯分厂对其生产的250W高压钠灯，在直径为2m的光球内，按国家标准测定了不同电压下的光电参数。一般情况下，772厂对该厂生产的每个批次每种型号的高压钠灯都要任意抽5只进行例行检测。250W高压钠灯的检测结果如表6-14所示。

250W 高压钠灯不同电压的光电参数　　　表 6-14

供电电压		光通量		光效		灯电流	
(V)	(%)	(lm)	(%)	(lm/W)	(%)	(A)	(%)
220	100	25896	100	102	100	2.96	100
200	91	19420	75	97	95	2.77	93.6

从表 6-14 可以看出，在使用高压钠灯等气体放电灯的道路照明系统中，在深夜节电运行时段，考虑末端电压降低的前提下，将供电电压降低在10%以内运行是最佳的选择。供电电压为200V 时，灯电流降低 6.3%，节电 16.1%；同时延长了灯具使用寿命，降低了维修成本。200V 电压供电时，同时高压钠灯的照度降低 22%，光通量降低 25%，光效降低 5%，但深夜道路照明质量（均匀度）不受影响，没有谐波等不良效果。

2. 湖南省计量检测院测试

我们设计制作的高压钠灯降压节电试验装置送湖南省计量检测院测试。装置组成有：

电光源：飞利浦亚明照明有限公司生产的 NG70 高压钠灯；

镇流器：BSN70L300I；SON：70W；Imaiains；0.98A；cosφ0.4 生产厂家：PHILIPS。

触发器：CD-2a，生产厂家：上海亚明灯泡厂有限公司。

测量仪表：长沙湘星仪表厂生产的电压表 42L6-V，0-250V，精度 10V；

电流表 42L-6A，0-2A，精度 0.1A。

高压钠灯试验装置 220V 和 200V 供电时的燃点情况见图6-4 和图 6-5。

试验时，装置中高压钠灯电流检测值如表 6-15 中的示值，电压检测值如表 6-16 中的示值。

2009 年 3 月 11 日湖南省计量检测院使用 0.02 级、编号 0305069、证书号 DLdr2008-9039 的三相电能表检定装置进行检测，

图 6-4　电压变换前（220V 供电）的高压钠灯

图 6-5　电压变换后（200V 供电）的高压钠灯

高压钠灯电流检测　　**表 6-15**

电流（A）	示　值	实 际 值
1.04	1.08	1.04
0.95	0.97	0.95

电流检测值如表6-15中的实际值，电压检测值如表6-16中的实际值（湖南省计量检测院测试证书编号：EB字第2009-0049号）。

从表6-15和表6-16可知，供电电压为220V时，高压钠灯电流为1.04A，而供电电压降至200V时，高压钠灯电流为0.95A，不考虑降压前后高压钠灯阻抗微小的变化，200V供电比220V供电节电16.6%。

高压钠灯电压检测 **表6-16**

电压（V）	示　值	实　际　值
220	217	219.920
200	197	199.942

2009年12月1日，湖南省计量检测院再次对试验装置中的70W高压钠灯在电压由220V降低至200V供电时的电能变化进行了专项检测。测试证书编号：EQ字第2009-0756号。测试使用的主要计量标准器：

三相现场多功能校验仪：编号09149、证书号EB字2009-0024、技术特征0.1级。

测试时间：1小时。

测试结果如表6-17所示。

高压钠灯电能检测 **表6-17**

电压（V）	电能（kWh）
220	0.0812
200	0.0688

结论为：70W高压钠灯200V供电比220V供电节电16%。

6.4.2 道路照明降压控制技术

1. 道路照明下半夜最佳供电电压

傍晚时分不仅是道路上交通量的高峰期，同时也是电网负荷的高峰期。此时，由于电网电压偏低，会导致光源的光通量偏小，结果使路面的照度相对较低。此时路灯变压器输出电压为正常电压或高于额定值的5%可以确保路灯正常启动，也保证了所需的照明质量。

当接近午夜时，电网的用电负荷处于一天中的负荷低谷，电网电压升高，有时甚至超出额定电压30~40V，电网电压的升高必然导致路灯的光通量增大，使路面照度明显升高。而此时道路上的交通量已降至低谷，只需保持路灯的最低照度就可以了。电压的升高还会缩短灯泡及其附件的使用期限。所以实行半夜灯是很有必要的。可以根据照明光源的光电参数具体确定在不同时段的路灯最佳供电电压。

城市道路照明供电线路设计时，为了降低送电过程中的线路损耗，以及避免出现用电高峰时因末端供电电压过低而造成路灯不能点亮等情况，路灯变压器确定输出电压一般高于额定值的5%以上。随着电网电压的波动，特别是午夜用电低谷时，电网电压会更高，路灯变压器输出电压会超出正常电压的15%以上，高达240V。

城市路灯下半夜电压普遍超过230V，这样将增加高达22%的耗电量。当接近午夜时，道路上的交通量已降到低谷，行人也稀少了，而此时电网的用电负荷也正好处在一天中的负荷低谷。电网电压的升高必然导致路灯的光通量增大，使路面照度明显升高。这不仅浪费电能，也是对路灯建设资金投入的浪费。路灯建设经费包括几个方面，正常情况下，路灯的电费开支约占总维护费的60%多，而灯泡及其相关的镇流器、触发器等更换费用也是一项较大的支出。

目前，城市道路照明的电光源以高压钠灯为主，约占全部路灯的70%以上。从西班牙引进的NE装置（ILUEST/NE照明稳压调光器），在北京、成都、广州、深圳等地运行有较好的节能效果。NE是专用于气体放电灯的节能智能调压电源装置，它是以一个多抽头变压器为核心，配以电子控制器和稳压的电源成套装置。根据控制指令，能自动降压到节能运行电压。对250W高压钠灯，2003年4月11日20:00~21:00实测数据如表6-18所示。

高压钠灯不同电压下的功率与照度　　表6-18

电源电压		耗电功率		参照点照度	
(V)	(%)	(W)	(%)	(lx)	(%)
220	100	250	100	600	100
200	91	200	80	470	78
190	86	180	72	440	73
185	84	170	68	410	68
180	82	160	64	380	63

广州内环路照明改造工程、深圳湾填海区市政道路照明工程采用NE智能照明控制装置，其降压调流节能功能适用于各种气体放电灯。西班牙巴塞罗那照明实验室提供的实验数据：该设备供电高压钠灯，在降压方式下工作的高压钠灯比额定电压状态下的高压钠灯灯电流减少26.55%~28.5%；有功功率减少42%~43.1%；无功功率减少24.87%~43.1%，节电32%~42%。

哈尔滨工业大学电气工程及自动化学院对学院楼宇荧光灯照明节电进行了专项试验，试验结果如表6-19所示。

荧光灯照度、使用寿命与电压的关系　　表6-19

灯具电压	80%	90%	100%	110%
照　　度	87%	93%	100%	110%
使用寿命	80%	200%	100%	80%

从表6-18和表6-19可以看出，在使用高压钠灯等气体放电灯的道路照明系统中，在深夜节电运行时段，考虑末端电压降低的前提下，将供电电压降低在10%以内运行是最佳的选择。选择

200V 电压，灯电流降低 6.3%，节电率达 16.1%；同时延长了灯具使用寿命，降低了维修成本。200V 电压供电时，高压钠灯的照度降低 22%，光通量降低 25%，光效降低 5%，但深夜道路照明质量（均匀度）不受影响，而且没有谐波等不良效果。

综合表 6-18 的试验数据，在使用高压钠灯等气体放电灯的道路照明系统中，在道路交通量的高峰期，为保证正常的照明，确定由额定电压 220V 供电。在深夜节电运行时段，考虑末端电压降低的前提下，将供电电压降低在 10% 以内运行是最佳的选择，所以 200V 是半夜灯的最佳节能电压。

2. 道路照明供电电压控制的优化

我们分析确定了高压钠灯在上半夜由额定电压 220V 供电，下半夜由最佳节能电压 200V 供电的降压方案，供电电压的控制有多种方法。一般分为传统照明控制、自动照明控制和智能照明控制。

智能照明控制系统是利用计算机技术、网络通信技术、自动控制技术、微电子技术等，实现可根据环境变化、客观要求、用户预订等条件而自动采集系统中的各种信息，并可对所采集的信息进行相应的逻辑判断，同时对结果按特定的形式存储、显示、传输及反馈控制等处理，以达到最佳的照明控制效果。

(1) 基于单片机控制的单相路灯节电器

由于路灯广泛使用的是高压钠灯、高压汞灯和金属卤化物灯等高压气体放电光源。加之同时点亮的数量较多，耗电量较大，因此根据现有路灯的供电情况，具体选用单相路灯节电器。此外可以根据用户的需要，随时自动调整路灯的开、关时间。广泛适用于道路照明场合。

1) 单相照明节电器的组成

节电器主要分为 3 部分，如图 6-6 所示。

补偿变压器 B：起到改变一、二次侧交流电压和隔离的作用，即将一次侧的可变电压耦合到二次侧形成 ΔU，并与输入电压 U_i叠加，来调整输出电压 U_o 的大小。

单相固态正弦波电压调整器：在控制信号的作用下，产生与

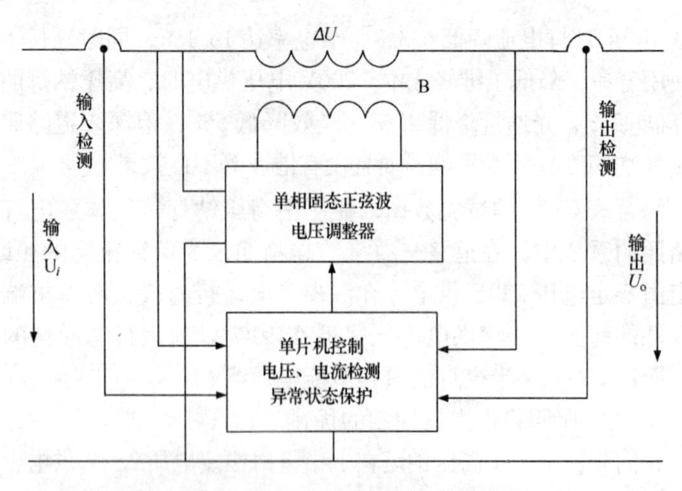

图 6-6　单片机路灯节电器组成

交流电网同步的正弦波补偿电压，并将此电压提供给补偿变压器。

单片机控制及保护电路：单片机按照预先设计好的运行模式来控制照明节电器的正常运行；在线检测外部输入、输出的相关信号（电压、电流、功率、元器件温度等），在异常状态下进行安全保护。

2）照明节电器的工作原理

电压调整主回路。输入电压 U_i、输出电压 U_o 和补偿电压 ΔU 三者的向量关系如下：

$$U_i = U_o + \Delta U \tag{6-13}$$

理论上，当改变 ΔU 的大小和方向时，就可以调整 U_o 的大小。由于照明节电器在节能运行时，输出电压 U_o 的值总是低于输入电压 U_i 的值（降压型输出），按照补偿变压器的相位关系，ΔU 的值只要作大小的改变即可：

$$U_o = U_i - \Delta U \tag{6-14}$$

通过改变电压补偿变压器的一次电压及其与控制电路的配合，就能按预先设定的模式运行，即一开始全压启动照明光源，经过一定时间的延时后，输出电压缓慢地由初始电压下降到某一定值（预先在控制软件中设置好）后进入到节能运行的模式。

3）单片机控制及保护回路

单片机控制部分主要是按照预先设置好的照明节电器运行的模式曲线来控制单相固态正弦波电压调整器的工作，并稳定在设定的电压上。保护回路的作用是将实时检测到的启动、延时、输出的值与事先的设定值进行比较、分析，一旦出现工作异常就发出事故报警信号，并将旁路开关自动投入。

4）单相路灯照明节电器的特点

①整个设备没有需要维护的调整部件（如电机、炭刷等），几乎可以做到免维护；

②完善的动态检测功能，具有输入、输出、电压、电流、功率等异常保护功能，可以延长灯具的使用寿命，且不增加交流电网总的谐波含量；

③设有独立的旁路开关，故障时能及时退出运行，保证照明灯具仍然能够使用；

④具有良好的节能效果，根据电网供电电压的高低不同，但节电率一般大于10%；

⑤安装方便，无需更改原有的照明配电线路。

照明节电器是通过降低输出电压 U_o 来达到节电的目的的，因此在分析具体的节电效果时，首先就必须参考表6-20中提供的数据，即电压的降低对照明光源的参数影响。

电压变化对灯光电参数的影响 **表6-20**

光源种类		电源电压变化（%）				
		85	90	95	100	105
高压钠灯	灯功率变化（%）	66	76	87	100	114
	光通量变化（%）	59	72	85	100	116
	光效变化（%）	89.4	94.7	97.7	100	101.7
金属卤化物灯	灯功率变化（%）	73.5	84	92.5	100	100
	光通量变化（%）	60	72	85	100	118
	光效变化（%）	81.6	85.7	91.9	100	107.3

（2）基于模糊控制的智能路灯节电器

目前，我国大中城市的地域规模不断扩展，城市照明路灯的数量越来越多，其用电量占城市总用量的比例在不断增加。以往路灯照明大多采用直接供电方式，人工送电人工关闭。这种方式存在着许多不足：在用电高峰期由于供电电压低于额定值，在用电低谷期供电电压又高于额定值，当电压高时不但影响照明设备的使用寿命，而且耗电量也会大幅增加，特别是子夜过后，道路上车辆与行人较为稀少，这时若全路全压供电则电能浪费很大。因此在不影响人车行进的情况下，可将路灯的照明亮度适当降低。针对上述问题开发出了一种智能路灯节电器。

1）智能路灯节电器的组成

智能路灯节电器由路灯、可变电抗变换器、功率变换单元和智能控制器等组成，通过智能控制器控制功率变换单元，使可变电抗变换器一次线圈实现阻抗变换，从而达到串联路灯负载调功节能的目的。

可变电抗器由可变电抗变换器和功率变换单元组成，将可变电抗变换器的一次线圈与路灯负载串接，构成一次阻抗串联电路，其二次线圈与功率变换单元构成二次阻抗变换电路，通过改变二次阻抗来改变一次阻抗与负载阻抗的比例关系，实现负载调功，从而改变路灯端电压，实现路灯软启动和调压节能。

功率变换单元拓扑结构由电力电子功率器件、触发控制器、信号检测与处理器等组成。通过对晶闸管控制角的调整来控制可变电抗变换器二次线圈电流的大小，进而使得路灯的端电压发生变化来改变路灯的照明亮度。

智能控制器由微处理器、检测传感器、变送器等组成。通过对光信号的采集与处理来判断现场的自然光照，从而控制路灯开启与关断。当主控装置开启后，利用声学传感器来判断现场噪声的大小，从而预测交通道路上车辆与行人的流量大小，通过模糊控制算法改变路灯的亮度。

2）智能控制系统设计

智能控制器硬件主要由噪声传感器、光电传感器、信号变送器、微处理器、A /D 和 D /A 转换器等组成。光信号通过光电传感器转变成电信号，经变送器输入至 A /D 转换器，实现系统的开启和关闭。噪声信号通过噪声传感器转变成电信号，通过模糊控制算法实时处理人车流量信息，动态调节灯光强弱度，实现节能控制。

系统控制算法与软件设计。由于交通道路车辆行人流量参数具有非恒定性，随时间、环境的变化而变化。因此，采用传统 PID 控制算法，不但参数整定困难，而且难以获得好的控制效果。采用模糊控制算法对路灯进行有效的控制和调节，可以达到最佳节能效果。采用模糊控制分为三段实现：传感器采集路面车辆与行人所发出的噪声信号，经模糊控制器处理后通过 D /A 转换将控制信号传送给功率变换单元，从而实现对路灯端电压的调节，达到输出合适亮度的要求。

通过对功率为 1.2kW 的路灯负载进行功率损耗试验，当电压在 200 ~235V 范围内变化时，人眼对路灯照度的变化不太敏感。当路灯电压为 215V 时，单位时间耗电量为 0.172kWh；当路灯电压为 210V 时，耗电为 0.163kWh；在不影响道路上行人、车辆正常行进的情况下适当降低路灯的输入电压，可节省近 25% 的电能。

如果将电压再下调至 175 ~ 185V，此时路灯单位时间耗电 0.142 kWh，因此在行人与车辆较少的时段适当降低路灯的输入电压可节省近 42% 的电能，其综合节电率在 30% 以上。

基于模糊控制的智能路灯节电器是一种高效、可靠的绿色环保产品。它通过智能控制器与电力电子功率变换单元改变电抗器二次线圈的电压或电流，从而改变电抗器一次电抗值，进而改变路灯的输入电压，使路灯本身不仅有效实现了节电，同时还改善了功率因数，平衡输出功率。

（3）基于 Lonworks 技术的智能路灯管理系统

20 世纪 80 年代后期，美国 Echelon 公司的 LONWORKS 设

备联网平台问世以来，它在自动化行业中一直起着关键性的推动作用。

基于 Lonworks 智能节点的照明控制系统主要是以 Neuron 芯片作为智能控制下属的各类执行单元。智能节点 Neuron 芯片一方面可以进行现场照明信息的采集和处理，另一方面也可以通过传输线路与其他控制节点连接，与上位控制机进行通信，实现规模扩展。

基于 LONWORKS 技术的公共照明智能管理系统。第一，可以监测每个灯源的使用时限和状况，它提供的信息会消除成本收益计算中固有的猜测成分，来自公共照明系统的实时数据能支持投资回报；第二，该网络可以监测失效灯源并报告它们的位置，维护费用（材料、线路和人工等）就能通过考虑那些附近也可能在同一维修要求中被替换的灯源的余下工作寿命而最小化；第三，通过跟踪每个灯源的发光小时的网络收集的数据可用于要求预防性替换，确立公正的产品和供应商选择准则，确认系统的电费账单有效。这只是基于 LONWORKS 技术的公共照明智能管理系统部分功能。

基于 LONWORKS 技术的公共照明智能管理系统由三级构成：最低层，每一路灯均包含一个基于电力线载波通信技术的智能控制模块；中间层的 I. LON 100 为主构成的路灯中间管理单元，实现通过电力线载波和每一个路灯通信，同时可以通过 TCP/IP、有线电话或外配 GPRS modem 与路灯控制中心通信；系统管理层在路灯控制中心，运行有基于企业级平台软件 Panoramix 的路灯控制系统管理软件。

智能路灯控制器主要功能如下：

1）在路灯控制器和 I. LON 100 之间使用电力线载波进行通信，这样做的好处是，不需要额外的通信线路，数据通信信道和路灯供电共用供电信道。

2）通过数字调光输出来控制灯具的开/关和亮度，从而可以显著延长灯具的有效寿命并推迟未来需要更换灯具的时间。

灯具工作流程可以通过远程下载进行更新，实现各种特定的动作。

3）根据天气情况和实际光的照度，自动控制灯具的开/关和灯具的亮度，如在不好的天气时及时打开路灯，对于安装在桥下或隧道的路灯，根据实测光强，来自动以最佳的亮度打开路灯等，提高公众满意度，在灾害天气使路灯更人性化。

4）监测功能可以实现灯的开/关/调光程度/失效状态的监测，并测量灯源使用时间和电量消耗累计，存储数据用于分析。通过在灯架上测量每个灯的能耗，检测出濒临经济寿命终点的灯源，消除濒临寿命周期的灯源循环工作引起的镇流器和启动器的过度损耗。这种损耗假如未检测出来，通常会造成整个灯具的更换而不仅仅是灯源的更换。这种措施能有效预防灯源对镇流器和启动器的损坏，在一定程度上延长了镇流器和启辉器的寿命。通常情况下，镇流器和启辉器的成本要远比灯泡高很多。

5）调光补偿，可以根据灯泡的寿命周期来设置合适的流明等级。

6）在每个控制设备以报警提供诊断信息，向技术人员报告所需的修理和需要替换的零件号，从而消除灯源的误换并将每项工作的时间最小化。与控制中心生成工作指令的应用软件连接，订购备用零件，管理仓储能在整个企业内降低每个修理项目的总工时。创立对备用零件较低仓储水平至关重要的“闭环”系统。

7）路灯控制器节点只在告警状态下启动通信；系统的基本功能（节能和断电检测）是预定的。这样，电力线带宽就能保存，使系统设计不会对配电变压器上节点数目过度敏感。

8）在后半夜车稀人少时，则控制路灯保持较低照度的照明，亮度设为50%。这样做主要优点就是在调光的同时也大幅降低了电耗，节约用电30%，同时还可以延长灯源的寿命。

已经实施分布各地的路灯见表6-21。

在各地实施智能管理的路灯数 **表 6-21**

实施的地点	智能控制器控制的路灯数
Roadway Authorities in Europe	12000
Oslo	55000
Bremen	70000
Roadways in Southeast Asia	6000
European Cities	6000
Eastern Europe	1000
Korea	11000
合计	176000

基于 LONWORKS 技术的公共照明智能管理系统能在灯源4～6年的工作寿命期间减少能耗 30%。此外，通过延长灯源寿命和优化维修计划，使得维护工作能节约50 % 费用。过压保护延长灯具使用寿命 30%，调光，结果是光源发出更少的热量，光源中的所有组件的老化速度均得到降低。当光源失败时关闭电子镇流器，能有效延长镇流器、启辉器使用寿命。恒定照度输出，实际灯具功率测量，低交通流量时调光，最终的结果就是把照度调整到正好满足需求的程度。

(4) 基于低功耗无线通信技术的照明节电系统

目前，我国城市路灯系统主要要依靠人工管理，需要工作人员定时开关灯。当路灯出现故障时，不能及时发现和有效处理。如果采用路灯智能监控系统，不仅节能，还能及时发现路灯的故障情况。

在路灯监控系统中，数据通信的方案主要有 3 种：采用总线通信技术，采用无线通信技术，采用电力线通信技术。

1) 场景控制

城市道路照明管理需要充分考虑实际情况，引入光控措施和交通流量传感器，采用分区域和分时段的场景控制策略。场景控制就是通过综合考虑和分析与道路照明密切相关的时间、路段、环境照度和交通流量等因素，能够实时、动态、平滑地调整路灯输入电压，从而进行路灯的调压调光输出，对道路照明进行动态智能化管理，控制路灯在不同情况下工作在不同状态，实现多样化的道路照明场景，从而在提高照明质量的同时获得最佳节能效果，节约有功电耗20%以上。

2）高压钠灯控制策略

高压钠灯分时段照明控制。在晚间繁忙的时段，控制高压钠灯保持较高的照度，接近午夜时分，开始自动调光，在后半夜车稀人少时，则控制高压钠灯保持较低照度的照明，同时还可以根据节假日和特殊天气状况自动调整控制策略。

①组群控制。处于同一照明回路中的不同高压钠灯，由于其所处的位置不同，对其照明控制的要求可能也不相同。基于单灯节点的控制和检测，实现指定组群灯具的不同场景控制。

②环境参数辅助控制。根据天气、交通流量等实际的环境参数调整照明控制措施，以获得更好的照明质量和节电效果。也可以根据道路上的车流量进行路面光照度调节。

③闭环回路照明控制。24:00之后，根据行驶车辆的大致位置和行进方向，在其前方相应路段的照明回路进行照度调节。

3）场景控制的构成

引入智能场景控制策略的城市道路照明管理系统需要构建由路灯节点控制器、照明回路控制单元和照明管理中心组成的控制网络。

路灯节点控制器负责所属路灯的工作状态检测和控制；回路控制单元向各节点发布控制指令，获取各节点回传的状态信息；管理中心通过无线通信与回路控制单元通信。节点控制器和回路控制单元之间可采用多种方式的通信介质实现。

(5) 基于相电压—线电压自动转换的高压钠灯节电器

近年来，我国城市的街道照明亮（照）度水平有迅速攀高的趋势，随着城市“夜景照明”、商业步行街热潮的兴起，不少新建或改建的城市街道照明亮（照）度值几倍甚至十几倍地高于 CIE 和我国行业标准的推荐值。

另一方面，路灯供电线路设计时，为了避免送电过程中的线路损耗，以及用电高峰时末端电压过低而造成路灯不能点亮，路灯变压器二次侧输出电压一般高于额定值的 5% 以上，随着电网电压的波动，在午夜用电低谷时，电网电压会更高。城市路灯下半夜电压普遍超过 230V。当接近午夜时，道路上的交通量已降到低谷，行人也稀少了，而此时电网的用电负荷也正好处在一天中的负荷低谷。而电网电压的升高必然导致路灯的光通量增大，使路面照度明显升高，超过道路照明标准值。这不仅浪费电能，电压的升高还将缩短灯泡及其附件的使用寿命。

因此，在下半夜，高压钠灯采用适时控制就是必要和可行的了。在分析对比电磁式节电器及上述几种智能控制方法后，提出了基于相电压—线电压自动转换的高压钠灯节电控制器。

1）电磁式照明节电器的不足

在现阶段，国内外采用的道路照明节电设备大多为电磁式照明节电器，如第 5 章介绍的上海生产的 GGDZ 照明稳压节电器和西班牙生产的 ILUEST/ NE 系列智能照明调控装置/照明稳压调控器等。电磁式照明节电器在下半夜能自动降压调光，有软启动功能，而且有比较显著的节电效果。但是，这类道路照明节电器都需要增加笨重且昂贵的自耦变压器或补偿变压器或电抗器，而且控制技术复杂，影响了它的大范围推广使用。

2）控制策略

根据夜间道路照明的要求，在刚入夜时，高压钠灯接入额定电压 220V 工作，灯处于额定状态下发光，照度、亮度等光电指标符合照明设计值，以满足机动车行驶和行人行走的需要。在 23:00 以后，适当降低电光源的亮（照）度并不影响道路照明的功能，这时，可采用光—电子控制器将高压钠灯供电电压自动降低。

3）电压自动转换的高压钠灯节电控制器

基于相电压—线电压自动转换的高压钠灯节电器，要求所控制的高压钠灯由单相变压器供电。可以使用新设计的路灯专用单相变压器；对于目前城市的路灯变压器，考虑是由三相变压器供电，在进行技术改造时，也可以不购置新的单相变压器，只需要将原来的三相变压器二次侧 Y 形接法绕组只使用两相，即成为不完全星形（V 形）。入夜时高压钠灯连成 V 形（不完全星形），每个灯承受 220V 相电压工作；23:00 以后电子控制器自动断开中性线，高压钠灯两两串联承受线电压。只要路灯分配均匀，每盏灯承受的电压大小将由深夜 230V 的相电压降至 400V 的线电压的一半，即半夜灯的最佳供电电压 200V。

基于相电压—线电压自动转换的高压钠灯节电器，不需要增加补偿变压器等设施，节约了投资费用；控制相比简单；输出为正弦波，波形无畸变；节电效果比较显著。

3. 道路照明智能降压控制器应用实例

现在推广的路灯节电装置大部分是智能型的电磁式节电器，其基本工作原理是通过微电脑实时采集输入电压信号，与最佳照明电压进行比较，通过计算进行自动调节，从而输出最佳电压。此类装置大多采用了补偿变压器调节电压的方式，可根据用户的现场实际需求，实时在线调控最佳输出电压，并能将其稳定在 ±2% 以内，它还可分时段设置不同的输出电压，以最大限度地减少电耗。有的预留了监控系统的接口，可与路灯管理部门的监控系统配套使用；也有的直接将节电装置与监控系统合二为一。

(1) 智能节电器道路测试数据

江苏省南通市城市照明管理处在南通市洪江路东段与西段安装了 A 公司提供的SLZB-3300（编号 A1）与 SLZB-3150（编号 A2）节电装置各一台，在外环东路 1 号开关箱处安装了 B 公司提供的 YASAVER-100A 节电装置一台，运行 4 个月后进行了测试。

1）在节电装置未投入运行的情况下，分别测量路灯线路电流、首端电压、末端电压、功率，及半夜灯开启和关闭状态下的照度。测量10d内每天耗电量，计算出每小时平均耗电量。然后再测量节电器投入运行后的相应数据。对两组数据进行比较、分析。

2）进行节电器投入、旁路切换试验，调压档切换试验，观察对照明设备的影响。

3）设定控制器中的电压参数，测量输出电压，试验控制器能否有效的控制自耦变压器的输出电压，使之与设定电压最接近。

A 1 型号：SLZB-3300；

额定功率：198kVA；

额定电流：3×300A；

安装地点：洪江路东段。

A2 型号：SLZB-3150；

额定功率：99kVA；

额定电流：3×150A；

安装地点：洪江路西段；

测试时间：2005年11月4日~2005年12月16日。

B 型号：YASAVER－100A；

额定功率：66kVA；

额定电流：3×100A；

安装地点：南通市外环东路1号控制箱（外环东路至钟秀路交叉口）；

测试时间：2005年12月9日~2006年1月5日。

节电装置使用前后，电流、电压、电耗等数据见表6-22和表6-23。

（2）测试结论

1）装置通过降低照明线路电压，具有节电功能，节能比与电压降低的幅度有关。在供电电压正常（220V）的情况下，照明电压降低10％（200V）时，节电率可达20％左右。

南通市洪江路 A1，A2 智能节电器测试数据　　　表 6-22

表箱地点	节电器使用情况	半夜灯开灯情况	总电流（A）			始端电压（V）			末端电压（V）			功率因素	快车道平均照度（lx）	每小时电耗（kWh）	节电率（%）
			A	B	C	A	B	C	A	B	C				
洪江路东段	使用前	开	172.4	178	171.5	211.5	214.9	211	197	208.5	199.8	0.6		57.7	24.96
		关	106	104.6	107.9	225.9	223.2	224.5							
	使用后	开	144.4	146.5	144	199.8	199.4	200	192	194	188.5	0.56		43.3	
		关	88.2	87.6	81.9	203	204	203.4							
洪江路西段	使用前	开	59.6	66.8	58.5	215.2	211.3	213	213	202	209	0.45	30.5	16	22.75
		关	44	43	39	216.1	215.7	218.5					25.8		
	使用后	开	54.8	48.3	48.8	197.1	192.5	195	196	191.2	191.2	0.43	24.5	12.36	
		关	35	34.1	31.5	199.2	199	199.4					20.07		

南通市外环东路 1 号控制箱 B 智能节电器测试数据

表 6-23

表箱地点	节电器使用情况	半夜灯开灯情况	总电流（A）			始端电压（V）			功率因素	快车道平均照度（lx）	每小时电耗（kWh）	节电率（%）
			A	B	C	A	B	C				
外环东路	使用前	开	25	28.9	27.4	232.8	231.2	231.1	0.96	56.3	8.96	22.77
		关	15.9	16.2	14.8	232.9	232.1	233		37.9		
	使用后	开	24.1	25.2	23.4	221.4	221	222.3	0.92	49.6	6.92	
		关	12.1	12.6	12.5	201	200.6	201		28.4		

2）通过降压方法节电，对道路照度影响较大。随着电压降低、功耗减小，道路照度明显降低，当电压降低10 %左右时，照度降低20 %左右。

3）装置运行过程中，自耦变压器、接触器等电气元件，运行稳定，无噪声、发烫现象。输出电压跳变时，无灭灯现象。

4）A装置中的控制器不能有效控制输出电压。设定电压为220V、215V、205V时，输出均为198V左右，因此未能将节电器调节到前半夜（22:00以前）保持正常电压，后半夜降压10%左右运行。B装置具有遥控功能，能按预先设定有效地控制输出电压。

5）装置投入运行后，功率因素略有降低。

6）A1装置（SLZB23300）对路灯三遥控制系统无线信号传输有较大干扰，通信不能正常进行。A2装置（SLZB23150）无干扰。

6.4.3 V/V_0—V/V变压器—高压钠灯照明节电系统

在路灯降压控制策略中，由基于相电压—线电压自动转换的节电器电路，组成了V/V_0—V/V变压器—高压钠灯照明节电系统。

1. 主电路

电磁式照明节电器基本上采用自耦变压器、补偿变压器或电抗器为主要元件，用系统软件控制其分时段调压调亮，以达到节电的目的。

单相V/V_0—V/V变压器—高压钠灯照明节电系统不需要增加自耦变压器、补偿变压器或电抗器等设施，入夜时变压器作V/V_0接线；在下半夜通过光—电子控制器自动断开变压器二次侧的中性线，变成V/V接线，使灯具的电压从相电压自动变换到线电压的一半。由于下半夜变压器二次侧的线电压为400V，这样就实现了灯具供电电压从220V降为200V。下半夜，通过降低加在灯具上的电压，在满足深夜道路照明要求的前提下节电。

图 6-7 所示为 V/V_0—V/V 变压器—高压钠灯照明系统的主接线示意图。KM1 是控制路灯相线的接触器的主触点，KM2 是控制路灯中性线的接触器的主触点。刚入夜时分，交流接触器 KM1、KM2 同时得电吸合，每盏路灯供电电压为额定电压 220V；在下半夜，KM2 断开，高压钠灯每两盏两盏串联后再并联承受线电压，下半夜电路线电压为 400V，所以每盏灯在下半夜由最佳电压 200V 供电。

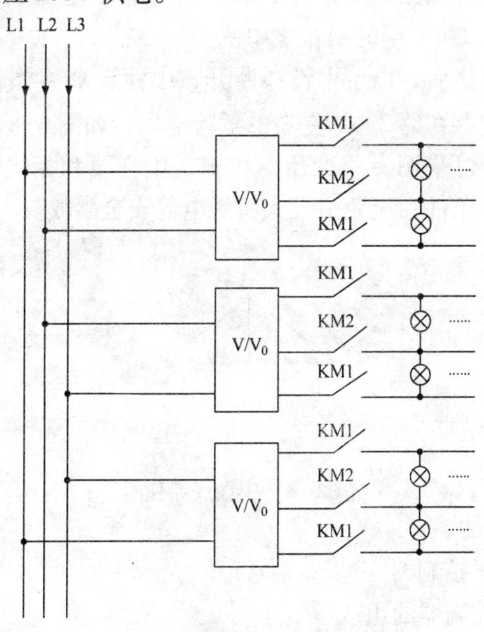

图 6-7　V/V_0—V/V 变压器—高压钠灯照明系统主接线图

在图 6-7 中，变压器一次侧要交替接入电网，尽可能使系统负荷平衡。就一台单相变压器而言，它的二次侧两相绕组接路灯负荷，可以做到两相负荷平衡；就一座城市而言，供电给道路照明的路灯变压器，特别是使用小容量的单相变压器之后，变压器的台数非常多。只要路灯管理部门和技术部门做好整个城市道路供电的规划，注意将路灯变压器一次侧的两相绕组交替接入 10kV 电网，就可以基本做到路灯三相负荷平衡。

城市路灯变压器目前一般采用的是三相变压器，对于一台三相变压器而言，供电给路灯难于做到三相负荷平衡。而作为 V/V_0 单相变压器，其二次侧分两相供电给道路两侧的灯具，既方便接线，又很容易做到变压器负荷平衡。对于整个城市道路照明负荷来说，必须考虑负荷平衡问题，因此，V/V_0 变压器一次侧的接线要如图 6-7 所示，将每台单相变压器的一次侧交替接入 10kV 三相电网的两相之中。

路灯降压后，由于中性线断开，中性点 O 将漂移至 O′，此时中性线上存在约 200V 左右的危险电压，如图 6-8 所示。因此必须要求路灯采用专用变压器供电，中性线和相线采用同样的绝缘和敷设条件，避免引发人身触电等安全事故。

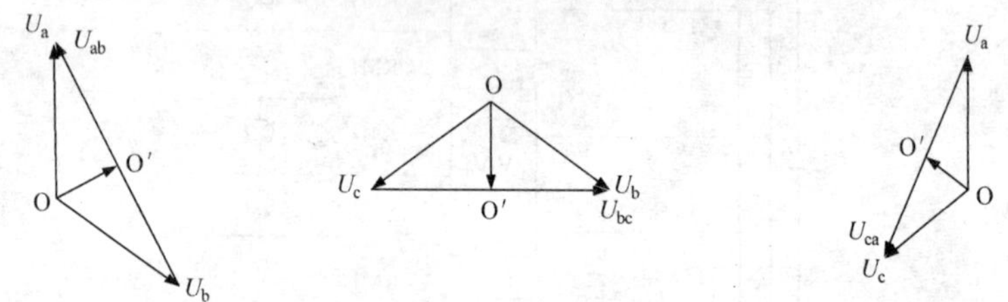

图 6-8　中性点漂移图

2. 电子控制器

(1) 控制器的组成

路灯自动降压控制器由以下主要元件组成，如图 6-9 右侧所示。

交流接触器 KM1：其线圈电压为 380V，主触点额定电流大于或等于供电干线电路电流。

交流接触器 KM2：其线圈电压为 380V，主触点额定电流大于或等于供电干线电路电流。

中间继电器 KA：JZ7-44，线圈电压为 380V。

时间继电器 KT：一般采用晶体管时间继电器，其延时时间依季节不同来整定，整定的原则是从入夜至23:00的时间。

控制触点K：如果采用光电控制，K为光敏继电器的触点；如果采用计算机等控制，则K为输出端的继电器触点。

（2）控制器工作原理

路灯自动降压控制器根据夜间照明的要求，在午夜电网电压升高、交通量减少的情况下，将路灯电压降低到线电压的一半而不影响照明功能。在具体改造中，只需在控制柜中增加时间继电器KT、中间继电器KA、交流接触器KM_2，并将KM_2的主触头串入中性线中，其他供配电方式及负载接线均不变动，如图6-9所示。

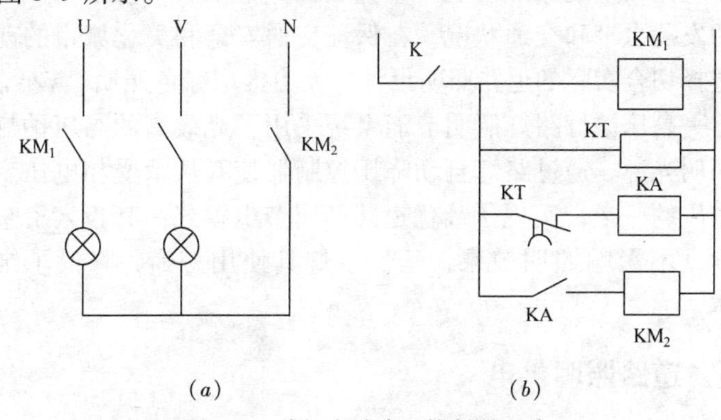

图6-9　路灯自动降压控制器电路

当K闭合后，KM_1、KT、KA、KM_2的线圈均得电。KM_1、KM_2的主触头闭合使路灯呈不完全星形接法，每盏灯承受相电压，灯在220V额定状态下工作；同时时间继电器KT开始延时，时间可以根据当地具体天黑的情况而设定，延时时间到，时间继电器延时断开的动断触点KT打开，中间继电器KA、交流接触器KM_2失电，中性线断开，路灯两两串联承受线电压。只要灯分配均匀，每盏灯承受的电压大小将由220~230V的相电压降为380~400V的线电压的一半，即190~200V。由于深夜时单相变压器二次侧电压为400V，此时每盏灯承受最佳电压200V

工作，在道路照明亮（照）度适当降低但不影响道路深夜照明的情况下节电。

如果在运行中，有一盏高压钠灯损坏，会不会影响负荷平衡，或者造成一连串的灯跟着损坏呢？从图6-8或图6-9右侧图可以看出，如果有一盏高压钠灯损坏，只会影响与之串联的另一盏灯，对其他两两串联再并联的灯没有影响；而且，损坏的灯若是由于放电管损坏，则这一条由两只灯串联的支路就会断路，另一只灯也不会损坏，只是得不到电源电压不发光而已；即使是这样的情况，整个照明电路的负荷还能保持平衡。

现代城市道路照明是一项量大面广的工程，应根据城市建设的发展水平和交通状况，在保证交通安全和美化城市的前提下选择切合实际的道路照明设计，大力推广绿色照明。V/V_0变压器—高压钠灯路灯照明节能系统采用了光效高的高压钠灯作为照明光源，通过路灯自动降压控制器使其从承受相电压变至线电压的一半，实现了最优道路照明节电模式。其投入资金比较少，不影响照明效果，延长了灯具使用寿命，降低了维修成本。

6.5 道路照明供电

道路照明供电是道路照明系统的一个组成部分，其主要任务是保证电光源和灯具正常、安全、可靠、经济地工作。

近年来，城市干道、高架道路和连接城市间的高速公路快速发展，要使道路上的视觉信息传递给驾驶者，使他们有安全感和舒适感，结合沿路的美丽景色、广告效应，这对照明系统的光源要有综合的考虑，而且由于车速快、交通量大，有关部门对夜间行车的安全特别重视，采用中压供电方式在电压质量、线路损耗以及工程投资上均较原低压供电方式优越，且光源照明质量也有提高，国际上很多大城市已经采用了这种供电方式，我国近年来也已在若干工程中铺展开来，大型公路照明已有由中压供电方式取代低压供电方式的趋势。

一般情况下，10km左右的道路照明，宜采用集中供电方式，在道路中间设置一个小型路灯开关站，以10kV双电源进线供电，分四路出线，两路环网供照明，两路环网供景观、广告、绿化用电，而景观、广告、绿化照明一般为低压侧计费，考虑到负载率和功率因数，10km的道路大约需要1500～2000kVA的供电量。根据功能照明与景观、广告照明用电负载情况，为方便今后运行和事故处理，每隔1km左右道路两侧分别安装高架照明、地面照明、广告绿化用变压器各一套。变压器容量按设计负载配置，大约选择在25～50kVA之间。

10kV路灯开关站出线可以选用SF6压气式负荷开关加熔丝保护，10kV环网可选用YJV22-3×25mm^{2}或YJV22-3×35mm^{2}交联电力电缆，具有防水性能，能承受动、热稳定的要求。

10kV出线电缆处可以设置电缆分支箱，可为一进二出结构，便于事故处理时调度操作，缩小停电范围。

中间有绿化带的四车道道路，一般每隔30m左右的距离装置一盏250W或400W的高压钠灯，假如高架有地面道路时，则需要上下照明，估计每1km的道路约需30kW的电源。景观照明和广告事业发展迅速，城市道路两旁的广告牌林立，其用电量要比照明用电多，加上景观照明用电，估计每1km的照明负荷可能在50kW左右。

6.5.1 照明供电要求

道路照明供电系统中存在几个方面的问题，需要重视和关注：

（1）在电力供电系统中，为了避免送电过程中的线路损耗及用电高峰造成的末端电压过低，往往都是以较高的电压传输，超出用电设备的额定电压，最终导致设备运行温度升高，能耗增加。

（2）用户的用电负载在三相上分布不平衡，使得无功损耗增加，供电企业考核的无功电量增加。

（3）用电线路带有大量的感性负载，系统功率因数较低，使得线损增大。

(4) 系统中由于内外部环境影响，存在高次谐波，使得运行设备过热，能耗增加，电能表过度计量。

因此，道路照明节电还与道路照明供电系统有密切的关系。

1. 道路照明设置专用变压器供电

城市道路照明宜采用路灯专用变压器供电。对城市中的重要道路、交通枢纽及人流集中的广场等区段的照明应采用双电源供电。每个电源均应能承受100%的负荷。正常运行情况下，照明灯具端电压应维持在额定电压的90%~105%之间。为保证光源在正常电压条件下工作，确保光源的使用寿命及效率，照明供电线路的负载端及变压器的配置是很重要的，合理的均衡配置，可以有效避免负载失衡带来的电压波动，可以有效抑制谐波，可以避免线路末端电压符合要求而始端电压超限的情况发生，延长路灯使用寿命，减少能耗和维护费用。

(1) 路灯供电网络

在道路照明中，路灯供电网络既要符合城市道路规划的要求，也应参照城市电力规划规范的要求，正确选择电气元件和系统结构，可以在一定程度上减少电压偏差。

首先，应将布设在市区主次干路、繁华街区、新建高层建筑楼群以及新建居住区的路灯配电线路逐步采用地下电缆。配电系统的特点是线路较长，线路上的电流不一定很大。选择电缆截面时载流量的要求很容易得到满足，而重点要考虑的是线路压降问题。解决线路压降问题的方法就是适当加大电缆截面。当线路压降满足要求时，电缆的载流量已大大超出要求。因此，选择电缆截面时应适当加粗，这样不仅满足减少压降的要求、为增加路灯数量留有余量，同时由于压降小，线路损耗就小，系统稳定性增加，既延长了整个系统的寿命，同时还节约电能，非常有意义。

其次，变压器的选择和配置直接关系到路灯电压的稳定，通过采用地埋式非晶合金节能变压器这种新型设备，为路灯提供电源支持，能够有效平抑电压波动和谐波危害。

（2）照明供配电系统的设计

道路照明供配电系统的设计应符合规划的要求：

1）配电变压器的负荷率不宜大于70%。宜采用地下电缆线路供电，当采用架空线路时，宜采用架空绝缘配电线路；应采取补偿无功功率措施；宜使三相负荷平衡。

2）配电系统中性线的截面不应小于相线的导线截面，且应满足不平衡电流及谐波电流的要求。

3）道路照明配电回路应设保护装置，每个灯具应设有单独保护装置。

4）高杆灯或其他安装在高耸构筑物上的照明装置应配置避雷装置，并应符合现行国家标准《建筑物防雷设计规范》GB 50057的规定。

5）道路照明供电线路的人孔井盖及手孔井盖、照明灯杆的检修门及路灯户外配电箱，均应设置需使用专用工具开启的闭锁防盗装置。

2. 道路照明电路的功率因数

在城市道路照明供电系统中，负荷主要是高压钠灯等电感性负载。这些负荷不仅要从电力系统吸收有功功率，还要从电网中吸收无功功率。在输送有功功率一定的情况下，无功功率增大，就会降低供电系统的功率因数。因此，功率因数是衡量照明供电系统电能利用程度和灯具使用状况的一项具有代表性的电能质量指标。

（1）功率因数对照明供电系统的影响

在供电系统中输送的有功功率一定的情况下，无功功率增大，供电系统的功率因数降低，将会引起以下现象：

1）系统中输送的总电流增加，使照明供电系统中的配电变压器、开关电器、导线电缆等容量增大，增加了照明线路的初投资费用；

2）由于无功功率的增大而引起的总电流增加，使灯具及供电线路的有功功率损耗相应地增大，并使供电系统中的电压损失增加，调压困难。

城市道路照明采用的电光源主要是高压钠灯之类的高压气体放电光源，其功率因数低，一般在 0.4 ~ 0.5 之间，必须进行人工补偿。

（2）功率因数的人工补偿

根据《全国供用电规则》的规定，要求一般工业用户的功率因数在 0.90 以上。照明线路的自然功率因数不能满足此要求，必须要对功率因数进行人工补偿。补偿容量由下式确定：

$$Q_B = \alpha P_C\ (\tan\varphi_1 - \tan\varphi_2) \tag{6-15}$$

式中 $\tan\varphi_1$——补偿前自然功率因数角 $\cos\varphi_1$ 对应的正切值；

$\tan\varphi_2$——补偿后功率因数角 $\cos\varphi_2$ 对应的正切值；

α——考虑到提高功率因数可能使补偿容量能够减少的系数，取 0.8 ~ 0.9；

P_C——照明电路的计算有功负荷，kW；

Q_B——补偿容量，kvar。

目前国内外广泛采用的补偿装置是静电电容器。我国生产的 BW 系列电容器，额定电压 0.5kV 的单台容量可做到 4kvar/台。电容器单位无功功率消耗的有功功率很小，约为 0.003 ~ 0.004kW/kvar，安装拆卸方便。

静电电容器的补偿方式分为个别补偿、分组补偿和集中补偿 3 种。个别补偿是在每盏灯附近按照其本身无功功率的需求量装设电容器，与灯同时投入运行和断开。集中补偿将电容器设置在变压器的低压侧或高压侧。

6.5.2 照明供电方式

城市道路照明都是由专用变压器单独供电的，即专供道路照明负荷，包括路灯、景观照明和广告照明负荷，不供其他住宅照明和动力用电。一般 1km 左右道路的照明负荷由一台单相变压器供电。

1. 城市道路照明变电所

现阶段我国城市道路照明变电所建设一般满足以下要求：

（1）小容量、密布点；

（2）主接线简单、供电安全可靠；

（3）布置紧凑，占地面积少；

（4）设备选择以提高供电可靠性、经济运行水平和自动化水平为前提；

（5）与调度自动化相结合，并考虑到无人值班。

城市要求整洁美观，不影响绿化，供电安全可靠，所以将高、低压进出线与变压器均装置在地下，变压器可放入地坑内，沿海沿江城市地下水位较高，不时有进潮水进雨水的可能，对路灯变压器要求全密封、不进水，在一段时间内可全部浸没在水中运行，对外壳防腐蚀性能要求也高。

路灯变压器的使用负载时间短，所以要求有低的空载损耗性能，采用非晶合金作变压器的铁心能满足高效率、低损耗的要求，取得优良的经济运行效果。路灯变压器高压进线采用密封性能良好的肘形电缆插头，可适用于水下运行，进线方式为环网一进一出，高压侧装有限流熔断器保护，低压侧安装小型断路器，具有过流及短路保护性能，并附有辅助信号开关接点，低压输出电缆接口有特殊的密封件防渗漏，高压熔丝盒和低压开关盒均设置双道密封，保证了产品的可靠防护特性。

变压器选用单相 V/V_0—V/V，10/0.4kV，50kVA 变压器.

2. 城市道路照明供电网络

道路照明接线一般采用树干式，考虑到道路照明负荷是分道路两侧布置，从单相变压器二次侧分别引出一根相线和一根中性线至道路两侧，再与路灯相连接，道路两侧的线路称为配电线路。采用单相变压器供电，还有利于配电线路的架设。

道路照明负荷采用单相 V/V_0—V/V 变压器—路灯照明系统供电后，变压器二次侧则采用不接地的运行方式。因为该系统在下半夜要由电子控制器自动断开变压器二次侧的中性线，将变压器二次侧的接线由 V/V_0 变换为 V/V。此时，中性线上存在

200V 左右的危险电位，因此在施工中，变压器二次侧相线、中性线的绝缘要求完全相同，而且，中性线不能与正常情况下不带电的金属外壳相连接。

特别要指出的是，路灯变压器是专用变压器，专门给路灯供电的，不得转供其他的单相负载，否则，在降压时有可能发生触电事故。

6.5.3 道路照明负荷计算

照明负荷计算的目的是为了掌握用电情况，合理选择配电系统的设备，如导线、电缆、开关电器、变压器等。负荷计算过小，则依此选用的设备和导线部分有过热危险，影响供电系统安全运行；负荷计算过大，则造成设备的浪费和投资的增加。

根据路灯的容量对照明负荷进行统计计算，所得到的负荷称为计算负荷，计算负荷是选择配电变压器的依据；所得到的电流称为计算电流，计算电流是选择导线和电缆截面积的依据。有了计算负荷和计算电流值，就可以在设计手册中查找所需要的变压器和导线电缆了。

1. 道路照明的有功计算负荷 P_C

照明线路的计算负荷，包括有功计算负荷 P_C，一般采用需要系数法来进行计算。需要系数法考虑了多方面因素，主要考虑了同时使用系数、负荷系数、线路效率和照明设备的实际效率。

有功计算负荷计算步骤为：先计算道路一侧配电线路上的计算负荷，再求出整条道路上的照明负荷（即两侧的负荷之和），最后乘以需要系数。对于城市道路照明负荷来说，一般是所有的灯都同时投入运行，因此需要系数通常取1。

一条道路上的路灯一般在规格、型号、功率上是一致的。道路一侧的计算负荷就是每盏灯的额定功率乘以灯的盏数。对于高压钠灯等气体放电灯，还要加上其镇流器、触发器和功率损耗 即：

$$P_C = N(1+\alpha)P_n \tag{6-16}$$

式中　α——镇流器等电气附件的功率损耗系数；

P_n——每盏灯的功率，kW；

N——道路一侧灯的盏数；

P_C——道路照明的有功计算负荷，kW。

气体放电灯及其电气附件的功率损耗系数见表6-24。

2. 道路照明的视在计算负荷 S_C：

道路照明的视在计算负荷在有功计算负荷确定以后，有两种计算方法：一种是再计算无功计算负荷，最后求出视在计算负荷；另一种计算方法如式（6-17）。

$$S_C = P_C / \cos\varphi \tag{6-17}$$

式中　S_C——道路照明的视在计算负荷，kVA；

$\cos\varphi$——光源的功率因数，见表6-24。

气体放电灯及其电气附件的功率损耗系数　　表6-24

电光源	额定功率（kW）	功率因数 $\cos\varphi$	镇流器等功率损耗系数 α
荧光高压汞灯（外镇式）	1000	0.65	0.05
	400	0.60	0.05
	250	0.56	0.11
	125	0.45	0.25
金属卤化物灯	1000	0.45	0.14
高压钠灯	250	0.40	0.18
	400	0.40	0.18
低压钠灯	18－180	0.60	0.2－0.8

3. 计算电流 I_C

道路照明电光源大多为高压气体放电灯，它们工作时必须配接镇流器、触发器等电气附件，负荷性质为电感性，其电流滞后电压一个相位角，功率因数小于1，在计算道路照明负荷的计算电流时，必须考虑这个因素，不得将每个灯的电流相加作为计算电流。

对于采用同一种电光源的道路照明线路，单相照明线路的计算电流为：

$$I_C = P_C / (U_P \cos\varphi) \tag{6-18}$$

式中 I_C——单相照明线路的计算电流，A；

P_C——单相照明线路的计算负荷，kW；

U_P——照明线路的额定电压，V；

$\cos\varphi$——光源的功率因数，见表6-24。

一般情况下，必须先对道路照明电路进行人工功率因素的补偿，使功率因数提高到0.90以上，再进行计算电流的计算。

4. 计算举例

【例6-1】某城市一条道路长1000m，照明采用400W高压钠灯，灯具沿道路两侧对称布置，灯杆杆距为30m，选择配电变压器和配电干线。

解：道路每一侧的灯34盏，共68盏，总容量为：

$$0.4 \times 68 = 27.2\text{kW}$$

查表6-24，250W高压钠灯镇流器等电气附件的功率损耗系数：

$$\alpha = 0.18$$

代入式（6-16）得有功计算负荷：

$$P_C = N(1+\alpha)P_n = 68 \times (1+0.18) \times 0.4 = 32.096\ \text{kW}$$

（1）选择配电变压器

当照明线路没有无功补偿时，查表6-24，400W高压钠灯功率因数 $\cos\varphi = 0.40$，考虑到混合系数，取0.95，代入式（6-17）得视在计算负荷：

$$S_C = 0.95\ P_C / \cos\varphi = 0.95 \times 32.096/0.40 = 76.228\ \text{kVA}$$

当照明线路无功功率得到补偿，一般可使补偿后的功率因数 $\cos\varphi = 0.90$，考虑到混合系数，取0.95，代入式（6-17）得视在计算负荷：

$$S_C = 0.95\ P_C / \cos\varphi = 0.95 \times 32.096/0.90 = 33.841\ \text{kVA}$$

计算出线路的视在计算负荷后，查找电工手册，按大于或等于视在计算负荷的容量就可以选定配电变压器的容量了。线路无功功率补偿后，配电变压器容量大于34 kVA就可以了，考虑道路照明中还有景观照明和广告照明负荷用电需要，配电变压器选择：V/V_0，10/0.4kV，50kVA。

（2）选择配电干线截面积：

线路额定电压　$U_P = 220V$。

当照明线路没有无功补偿时，查表6-24，400W高压钠灯功率因数 $\cos\varphi = 0.40$，代入式（6-18）得每一侧道路照明配电干线的计算电流：

$$I_C = 0.5\ P_C / (U_P \cos\varphi) = 16.048/(220 \times 0.4) = 182A$$

当照明线路无功功率得到补偿，一般可使补偿后的功率因数 $\cos\varphi = 0.90$，代入式（6-18）得每一侧道路照明配电干线的计算电流：

$$I_C = 0.5\ P_C / (U_P \cos\varphi) = 16.048/(220 \times 0.9) = 81A$$

在线路功率因数 $\cos\varphi = 0.40$ 时：查表6-25，选择用两芯聚氯乙烯绝缘电缆，铝线，截面积为120mm²，35℃时允许截流量为188A，大于182A；或者查表6-26，选择用两芯聚氯乙烯绝缘电缆，铜线，截面积为95mm²，35℃时允许截流量为216A，大于182A。注意：中性线与相线的截面积和绝缘要求相同。

在线路功率因数 $\cos\varphi = 0.90$ 时：查表6-25，选择用两芯聚氯乙烯绝缘电缆，铝线，截面积为35mm²，35℃时允许截流量为85A，大于81A；或者查表6-26，选择用两芯聚氯乙烯绝缘电缆，铜线，截面积为25mm²，35℃时允许截流量为89A，大于81A。注意：中性线与相线的截面积和绝缘要求相同。

线路无功功率补偿后，考虑道路照明的景观照明和广告照明负荷的电流配电干线选择：BV-25，穿硬塑料管，管径32mm。

（3）支线导线的选择：每盏灯的电流为：$400/(220 \times 0.9) = 2.02A$

从配电干线到每盏灯的支线选择铝线截面积为2.5mm²或者选择铜线截面积为1.0mm²的导线就可以了。

铝芯聚氯乙烯绝缘电线（BLV 型）穿硬塑料管敷设的载流量（A）

表 6-25

截面面积	2 根单芯				管径	3 根单芯				管径
（mm^2）	25℃	30℃	35℃	40℃	（mm）	25℃	30℃	35℃	40℃	（mm）
2.5	19	18	17	16	15	17	16	15	14	15
4	25	24	23	21	20	23	22	21	19	20
6	33	31	29	27	20	29	27	25	23	20
10	45	42	39	37	25	40	38	36	33	25
16	58	55	52	48	32	52	49	46	43	32
25	77	73	69	64	32	69	65	61	57	40
35	95	90	85	78	40	85	80	75	70	40
50	121	114	107	99	50	108	102	96	89	50
70	154	145	136	126	50	138	130	122	113	50
95	186	175	165	152	70	167	158	149	137	70
120	212	200	188	174	70	191	180	169	157	70

铜芯聚氯乙烯绝缘电线（BV 型）穿硬塑料管敷设的载流量（A）

表 6-26

截面面积	2 根单芯				管径	3 根单芯				管径
（mm^2）	25℃	30℃	35℃	40℃	（mm）	25℃	30℃	35℃	40℃	（mm）
1.0	13	12	11	10	15	12	11	10	10	15
1.5	17	16	15	14	15	16	15	14	13	15
2.5	25	24	23	21	15	22	21	20	18	15
4	33	31	29	27	20	30	28	26	24	20
6	43	41	39	36	20	38	36	34	31	20
10	59	56	53	49	25	52	49	46	43	25
16	76	72	68	63	32	69	65	61	57	32
25	101	95	89	83	32	90	85	80	74	40
35	127	120	113	104	40	111	105	99	91	40
50	159	150	141	131	50	140	132	124	115	50
70	196	185	174	161	50	177	167	157	145	50
95	244	230	216	200	70	217	205	193	178	70

5. 高压钠灯照明电路人工补偿分析

当前，道路照明光源大量采用高压钠灯，它的功率因数约为0.4。因功率因数偏低，光源工作电流中无功电流成分偏多，从提高照明电路的经济效益考虑，一般应该对高压钠灯进行功率因数补偿，使功率因数达到0.90以上。

但是，由于供电电流波形畸变的影响，补偿电容器的电容电流只能补偿灯电路电流波形的基波成分，而电容电流不能补偿或降低畸变电流波形中的谐波成分，所以一般应采取有源补偿的办法进行。补偿后不但可以适当减少新装时的报装容量和降低报装投资，而且可以减少照明低压线路的年度线路电能损失，还可提高线路末端电压。

进行无功补偿的方法主要有两种：一是分散补偿即单灯补偿。道路照明负荷的特点是分散、均匀。为减小每一个负荷点的电流值，宜在每一负荷点上并联一个电容量适当的电容器。二是集中补偿。照明负荷集中的大型广场、立交桥等场所，在分散补偿有困难时，采用集中补偿是解决补偿的办法之一。优点是安装维护简单、运行可靠、利用率高。缺点是不能减小配电低压线路上的电能损耗，并需加装放电设备。

照明线路功率因数补偿后，还可以有助于三相负荷平衡。

在例6-1中，如果要将功率因数从0.40提高到0.90，则可计算出所需要补偿的电容器容量。

在式（6-15）中：

$\cos\varphi_1 = 0.4$ 时，$\tan\varphi_1 = 2.291$；

$\cos\varphi_2 = 0.9$ 时，$\tan\varphi_2 = 0.484$；

α 取0.9；

则 $Q_B = 0.9 \times 27.2 \times (2.291 - 0.484) = 44.24\text{kvar}$

在例6-1中，不补偿功率因数，配电变压器的容量要选择大于76.228 kVA；干线截面积要选择120mm^2 的铝线或95mm^2 的铜线。将功率因数补偿至0.90，则配电变压器的容量只要选择大于33.841 kVA；干线截面积只要选择35mm^2 的铝线或

$25mm^2$ 的铜线。

高压钠灯加装了无功补偿装置后，带负荷的能力增加，选择的变压器和电缆还可以满足这 1000m 道路范围内的景观照明和广告照明的用电需要。

附录1

“十一五”城市绿色照明工程规划纲要

根据《国民经济和社会发展第十一个五年规划纲要》和建设事业“十一五”规划的要求，为贯彻落实节约资源和保护环境的要求，我部组织编制了“十一五”全国城市绿色照明工程规划纲要。本纲要主要阐明城市照明健康、高效、安全、科学发展的指导原则，提出工作目标和重点，以及落实的措施。是各地实施城市绿色照明工程的依据，是推动我国城市照明行业持续发展的规划蓝图。

一、持续推进城市绿色照明工程的重要性

随着我国经济建设的发展，城市化进程的加速，城市照明得到了长足发展。针对城市照明发展中的能源需求和消耗不断加大，以及光污染等问题。建设部会同国家发改委、科技部等部门，在总结“绿色照明工程”工作经验的基础上，在城市照明行业大力推进绿色照明工程，在“十五”期间取得了积极的进展：明确了城市绿色照明的管理部门；进一步完善城市照明节电管理体制；城市照明法规、绿色照明标准体系建设不断加强；“城市绿色照明示范工程”活动积累了有益的经验；积极推广和采用高效照明电器产品；城市照明日常维护管理工作得到新的加强。“十五”期间，城市绿色照明工作基本上完成了“完善法规、规范市场、典型示范、宣传教育、国际合作”的主要任务，取得了显著的经济效益和社会效益。

但是，从总体看，城市绿色照明工作还刚起步，发展不平衡，还存在不少问题和薄弱环节。如城市照明的宏观指导还不够有力，相关的配套制度还不完善，市场监管制度还不够健全，

低效率、高能耗、光污染等问题仍然较为突出，全社会节约用电、保护环境的意识有待进一步加强。

“十一五”期间是全面建设小康社会的关键时期。国家确定了“十一五”时期单位国内生产总值能源消耗降低20%的目标，强调要落实节约资源和保护环境的要求，建设低投入、高产出、低能耗、少排放、能循环、可持续的国民经济体系和资源节约型、环境友好型社会，并把“绿色照明——在公用设施、宾馆、商厦、写字楼以及住宅中推广高效节电照明系统等”列为十大节能重点工程之一。发展城市绿色照明事业面临着艰巨的任务，也面临着极好的机遇。

二、指导思想、遵循原则和主要目标

（一）指导思想

全面推进城市绿色照明工程，要以科学发展观统领全局，认真贯彻落实节约资源和保护环境的要求，认真贯彻落实我国“十一五”规划纲要明确的任务和要求。坚持以人为本，坚持节能优先，以高效、节电、环保、安全为核心，以健全法规标准、强化政策导向、优化产业结构、加快技术进步为重点，以依法管理为保障，解放思想，创新机制，健全法规，完善政策，强化管理，加强宣传，努力构建绿色、健康、人文的城市照明环境，切实提高城市照明发展质量和综合效益。

（二）遵循原则

1. 立足科学发展，建立健全政策、法规、标准，规范市场竞争，完善管理机制，规范“规划、设计、建设、验收、养护、监控、器材、销售”等管理环节。

2. 坚持以人为本，努力建立适宜、和谐、友好的照明环境，切实改善人居环境质量，提高公共服务水平，保障社会治安，统筹城乡区域协调发展。

3. 优化照明产业结构，强化政策导向，优化市场秩序，鼓励使用高效照明器材，实现结构节能。

4. 着眼建设资源节约型社会，以提高资源利用效率为核心，探索推进可再生能源研究与规模化应用，在生产和使用中，做到节能、节电、节材、环保。

5. 坚持科技创新，大力推进技术进步，加强国际交流合作，积极开发推广节能技术，实现技术节能。

（三）主要目标

1. 以2005年底为基数，年城市照明节电目标5%，5年（2006—2010年）累计节电25%。

2. 在城市照明建设、改造工程中，全面推行专业管理机构规划、设计论证、专项验收制度。

3. 2008年前，完成城市照明专项规划编制。

4. 完善功能照明，基本消灭无灯区。新改扩建的城市道路装灯率达100%，公共区域装灯率达98%以上。

5. 严格执行照明功率密度值标准。

6. 灯具效率在80%以上的高效节能灯具应用率达85%以上。

7. 高光效、长寿命光源的应用率达85%以上。

8. 使用的高压钠灯能效指标达到或超过GB19573－2004标准，达到或超过节能评价值GB19573-2004标准。

9. 高压钠灯镇流器能效指标能效因素（BEF）达到或超过GB19574-2004标准，倡议达到或超过节能评价值GB19574-2004标准。400W高压钠灯镇流器能效指标能效因素（BEF）不低于0.235。

10. 通过气体放电灯电容补偿，功率因素不小于0.85。

11. 道路照明主干道亮灯率达98%，次干道、支路亮灯率达96%。

三、工作重点

（一）加强法制建设，理顺管理体制

修订《城市照明管理规定》，完善规划、设计、施工、材料、验收、安全等方面的监管内容，配套完善实施细则。结合城市照明社会公益性和无偿性的特点，切实加强专业管理。积极推进改革，逐步放开作业市场，严格单位资质管理与个人作业资格管理，修改出台设计施工养护资质，规范市场竞争。坚持建设改造与维护管理并重，进一步理顺完善管理体制，积极将城市照明建设、管理统一到一个部门，集中行使管理职能。专业管理机构要会同有关建设行政主管部门对城市绿色照明初步设计、施工图文件实行动态管理、协同管理，严格执行“三同时”制度，在规划立项、方案设计、建设改造、验收检测、器材选用等各环节中，建立完善联动协调的工作机制。

（二）深入推进城市绿色照明及节电改造示范工程活动

要在认真总结经验的基础上，深入广泛开展城市绿色照明示范工程活动。通过评价指标、活动原则、具体形式的不断优化，提高示范工程质量，进一步扩大示范效应。同时在一些城市开展现有路灯、景观照明的节能改造，针对城市照明中存在的单纯追求亮度、追求豪华、能耗密度超标、道路照明过多装饰、光污染严重、采用低效能照明器材等问题，积极实施节电改造示范工程，对光源灯具、整个照明供配电系统在内的道路照明和景观照明系统进行全面改造。

（三）推广采用高效照明电器产品

定期或不定期制定高效照明工艺、技术、设备及产品的推荐目录，适时公布落后工艺、技术、设备及产品的淘汰目录。认真落实国家发展改革委和财政部颁布的《节能产品政府采购实施意见》。在政府采购中，要优先采购绿色产品目录中的产品，优先采购通过绿色节能照明认证、经过专业检测审核或通过环境管理体系认证的企业的产品，通过政府的绿色采购正确引导社会消费意识和行为。努力规范市场行为，帮助扶持城市照明优质、高效电器产品生产企业提高科技水平，鼓励引导他们自主创新，注重提高产品的科技含量，增强市场竞争力。

（四）加强城市照明产品能效标准体系建设

认真总结实施“中国绿色照明促进项目”经验，建立健全制订能效标准、节能认证、能效标识的工作协调机制。跟踪照明行业新产品的研发与应用情况，加快研究、起草、制订、完善各类新光源、新灯具等照明产品的能效标准。开展照明产品关于能效标准实施与监督机制的专题研究。切实推进城市照明电器领域能效标识、节能认证的市场监督管理机制，尽快建立能效领域的市场准入制度，引导用户使用优质、高效、节能的照明产品，为城市绿色照明提供物资器材保障。

（五）抓好专项规划编制工作

要从实际出发，坚持“以人为本、突出重点、保证功能、经济实用、节约能源、保护环境”的原则，抓紧编制城市照明专项规划，2008 年全面完成。做到合理布局、主次兼顾、重点突出、特色鲜明，明确节电的指标和措施。对不符合城市发展需求和节约用电、保护环境的城市照明专项规划，要抓紧修改。全面推行规划评审和规划管理，突出城市照明专项规划引导资源节约的前瞻性和权威性的作用，从源头上把好资源节约和有效利用关。从严确定规划强制性内容，并实行长效管理。

（六）提高信息网络化水平，增强科技支撑能力

建设和不断完善绿色照明信息网络平台、绿色照明管理业务应用平台和信息资源服务平台。深入开展绿色照明新型节能产品、新工艺、新技术等战略与理论研究。增强自主创新能力，加强重大关键技术的科技攻关、技术开发和应用，加快相关制造业的产业升级。积极引进、消化、吸收国际先进理念和技术。加强科技创新基地和国家重点城市照明专项实验室及检测技术中心建设，重点培养和选拔一批学术或技术带头人，充分发挥科技专家的咨询和技术支持作用，为绿色照明建设管理提供人才保障。

（七）加大宣传力度，提高全社会绿色照明意识

广泛深入持久开展绿色照明宣传，提高全民的资源忧患和节约意识，增强全社会的照明节能意识和可持续发展意识。要

充分利用新闻出版、广播影视、文化教育等各种社会宣传阵地，积极开展绿色照明宣传，大力宣传“节约资源和保护环境是基本国策”，大力宣传实施城市绿色照明的意义、目标和任务，大力宣传绿色照明示范工程的成效和经验。要通过知识讲座、经验交流、举办宣传周、现场参观等各种生动活泼的宣传教育活动，吸引社会各界广泛参与，使绿色照明逐步成为全社会的共识。要建立绿色照明宣传专项资金。

四、保障措施

（一）健全法规及标准体系，完善管理机制

切实履行政府职能，强化政策导向。健全和完善法规、标准。规范作业市场管理，结合照明行业实际，统筹道路照明和景观照明，整合资源，节约资源。发挥政府资金的功效，建立统一管理体制，使城市照明规划设计更专业、建设施工更规范、运行监控更科学、产品器材选用更合理。坚持依法管理。充分运用国家现有的质检网络和机制，加强器材市场管理。使各环节科学运作，各参与主体协调配合，整个照明相关产业积极联动。

（二）建立完善节能评价体系，加强节能目标考核

各城市应根据实际建立完善适应本地实际的城市绿色照明节能评价体系，科学综合考虑评价节能效果。要尽快建立健全城市照明节能管理统计、监测制度，严格执行设计、施工、管理等专业标准和单位能耗限额指标，实行城市照明消耗成本管理。建立城市绿色照明、节能目标责任制。把绿色科学合理照明、节能考核指标、装灯普及率目标、专项经费投入使用情况纳入城市建设管理、生态园林城市等考核内容。通过普查、自查、专项查等不同形式，查找问题，制定落实整改措施，充分挖掘节能潜力，提高各地开展绿色照明的主动性和创造性。

（三）推进城市绿色照明节能产业化

以市场为导向，建立推动和实施节能措施的新机制，推动

城市照明节能的产业化进程，提高能源利用效率。按照规范选择确定专业服务机构，不断提升专业服务机构的能力。通过合同能源管理等方式，聘请专业服务机构参与城市照明节能改造，提供能源效率审计、节能项目设计、采购、施工、培训、运行、维护、监测等综合性服务，并通过与客户分享节能效益赢利，实现滚动发展和双赢发展。

（四）综合运用各种手段，加强政府引导与市场调节合力

积极完善政府主导、市场推进、公众参与的城市绿色照明机制。综合运用各种手段，特别是价格、税收等经济手段，促进节约使用和合理利用资源。总结地方实践经验，加强政府引导扶持，探索建立节能奖励政策，加强政府节能采购管理，鼓励市场主体参与高效节电照明产品的研发和生产，推动节能市场化运作，形成节能项目的效益保障机制，提高效率，降低成本，促进节能产业化，保证绿色照明工程的持续推进。

（五）增加投入，保障城市绿色照明工程顺利推进

充分调动各级政府和社会的积极性，采取多渠道筹措资金的办法，积极整合多方面资源，不断加大投入力度，深入推进城市绿色照明工程。将公共公益性城市照明所需经费，纳入公共财政体系；城市照明专项经费做到足额专款专用，为推进城市绿色照明工程提供资金保障。各地要探索建立健全专项照明节能资金，在节能资金中发挥节能效应，在节能效益中扩大资金基数，形成节能的良性互动。

（六）加强组织领导，努力开创城市绿色照明工作新局面

抓好城市绿色照明工作，是市政公用事业贯彻科学发展观的必然要求，各地要切实加强对城市绿色照明工程的组织领导，把这项工作摆上重要议事日程，纳入城市建设和管理的工作部署，认真制订实施方案，明确职能部门，落实有效措施，建立目标管理责任制。要加强调查研究，加强检查督促，及时协调解决实施过程中的问题，保证城市绿色照明工作的顺利推进。

附录2

关于切实加强城市照明节能管理严格控制景观照明的通知

建城〔2010〕92号

各省、自治区住房城乡建设厅、发展改革委、经贸委（经委、经信委），北京市市政市容委、发展改革委，天津市市容委、发展改革委、经信委，上海市城乡建设交通委、发展改革委，重庆市市政管委、发展改革委、经信委，新疆生产建设兵团建设局、发展改革委：

为落实《国务院关于进一步加大工作力度确保实现“十一五”节能减排目标的通知》（国发〔2010〕12号）中关于城市照明节能管理的要求，确保完成城市照明“十一五”节能减排任务，现将有关要求通知如下：

一、提高认识，切实加强城市照明节能管理

（一）“十一五”期间，我国城市照明发展很快，对完善城市功能、改善城市环境、提高人民生活水平的作用显著。但是，城市照明，特别是景观照明的过快发展，加大了能源的需求，一些城市建设超标准、超豪华的景观照明工程，使用低效照明产品，浪费严重，造成供用电紧张。各地住房城乡建设（城市照明）主管部门要充分认识城市照明节能面临的严峻形势和艰巨任务，增强紧迫感，积极会同节能主管部门切实加强对城市照明节能工作的管理。当前，各地要严格控制公用设施和大型建筑物等景观照明能耗，严格控制景观照明建设规模，坚决淘汰低效照明产品，落实工作责任，果断采取强有力、见效快的措施，确保完成“十一五”城市照明节能减排任务。

二、加大力度，确保主要工作任务按时完成

（二）各地要依据城市照明专项规划，严格控制景观照明范围和规模。按照《城市夜景照明设计规范》（JGJ/T163-2008）的规定，严格控制公用设施和大型建筑等景观照明能耗，严禁建设亮度、能耗超标的景观照明工程，严禁在景观照明中使用强力探照灯、大功率泛光灯、大面积霓虹灯等高亮度、高能耗灯具。严格执行《城市道路照明设计标准》（CJJ45-2006）的规定，停止在城区干道上大范围建设多光源装饰性灯具和无控光器灯具的照明设施。

（三）加快淘汰低效照明产品。东中部地区和有条件的西部地区，要严格按照国发〔2010〕12号文件的要求，全部淘汰城市道路照明使用的白炽灯、高压汞灯、能效指标未达到国家标准的高压钠灯、金属卤化物灯等光源产品和镇流器产品。

三、建立健全城市照明节能管理的长效管理机制

（四）各地住房城乡建设（城市照明）主管部门要依据《城市照明管理规定》和相关法律法规，结合本地区、本城市的实际情况，抓紧制定和完善配套的办法，建立和完善城市照明管理体系。加强城市照明节能管理，建立城市照明节电目标责任制，制定并落实节能计划和节能技术措施，降低能源消耗。

（五）加强城市照明专项规划管理。各地要按照当前节能减排的要求，修订完善城市照明专项规划。进一步核查城市照明专项规划中有关照明节能的要求和措施，对不符合节能要求的城市照明专项规划，要抓紧修改。要加强规划管理，从源头上把好节能关。

（六）加强城市照明工程建设监管。城市照明工程建设的立项、设计、施工、监理、验收等环节，要认真落实《城市夜景照明设计规范》（JGJ/T163－2008）和《城市道路照明设计标准》（CJJ45-2006）的相关规定，保证现有节能标准的执行。

（七）加强城市照明设施节能的运行管理。各地要制定城市

照明设施节能管理规定，采取节能计量考核措施；实施城市照明集中管理、集中控制和分时控制模式，科学合理安排照明开关时间；在用电紧张时要确保城市道路、广场等功能照明的正常运行，严格控制景观照明。要积极推广合同能源管理方式，选择合适的区域、路段对城市照明节能改造项目进行合同能源管理试点。

（八）各地要采取积极措施，深入开展城市照明节电宣传，树立照明节能意识，普及相关知识。积极推广使用照明节能新产品、新技术，在条件适合的地区鼓励使用可再生能源技术，全面推动城市照明节能改造工作。

四、加大监督检查力度

（九）各地城市住房城乡建设（城市照明）主管部门要会同同级节能主管部门，依照本通知要求，从 2010 年 7 月开始，对城市景观照明已建、在建和待建项目和城市道路照明中使用的低效照明产品情况进行专项检查，对不符合城市照明专项规划要求，景观照明能耗、亮度超标的项目，限期采取措施进行整改；抓紧完成“十一五”期间全部淘汰城市道路照明低效照明产品任务的计划，下更大决心，花更大力气，稳步实施。

（十）省级住房城乡建设主管部门要会同同级节能主管部门对本地区城市照明节能任务落实情况进行监督检查。各地要依照《城市道路照明设计标准》（CJJ45-2006）和《城市夜景照明设计规范》（JGJ/T163-2008）和国家有关城市照明节能的要求，对城市景观过度照明情况进行检查，对超标准、超能耗的景观照明坚决予以制止，并通报批评。各地要在 10 月底之前将检查结果上报住房城乡建设部和国家发展改革委。今年底前我们将对直辖市、计划单列市、省会城市的景观照明进行专项检查。

中华人民共和国住房和城乡建设部

中华人民共和国国家发展和改革委员会

二〇一〇年六月十七日

参考文献

[1] 李铁楠. 城市道路照明设计 [M]. 北京：机械工业出版社，2007.

[2] 谢秀颖主编 . 电气照明技术 [M]. 北京：中国电力出版社，2004.

[3] 雷铭主编. 节约用电手册 [M]. 北京：中国电力出版社，2005.

[4] 中华人民共和国行业标准. 城市道路照明设计标准CJJ 45-2006 [S]. 北京：中国建筑工业出版社，2006.

[5] 中华人民共和国行业标准. 城市道路设计规范CJJ 371990 [S]. 北京：中国建筑工业出版社，1991.

[6] 中华人民共和国标准. 灯具一般安全要求与试验GB 7000.1 – 1996 [S]，1996.

[7] CIE Technical Report No. 115. Recommendation for the Lighting of Roads for Motor and pedestian Traffic，1995.

[8] CIE Technical Report No. 136.

[9] CIE Technical Report. CIE Collection on Glare，2002.

[10] 李景色，李铁楠. 我国道路照明新标准的特点 [J]. 照明工程学报，2007，18 (4)：29 ~32.

[11] 周太明. 道路照明和汽车照明用金属卤化物灯 [J]. 中国照明电器，2010，(3)：7 ~10.

[12] 路晓东. 现代城市公共照明 [J]. 灯与照明，2002，26 (2)：9 ~11.

[13] 陈增伟，肖辉. 第四代光源—LED 在城市景观照明中的应用 [J]. 灯与照明，2009，33 (2)：39 ~42.

[14] 章海骢. CIE115-1995 的修改介绍. 2007 中国道路照明论坛文集. 中国照明电器学会，2007.

[15] 刘磊实等. LED 光源在城市道路功能照明中的试验与分析 [J]. 照明工程学报，2008，19 (4)：85 ~90.

[16] 沈培宏. 高功率 LED 路灯照明 [J]. 灯与照明，2008，32 (4)：25 ~29.

[17] 陈尚伍等. 太阳能照明系统的研究 [J]. 照明工程学报，2005，16 (4)：60 ~62.

[18] 赵跃进. 我国高压气体放电灯能效标准情况. 绿色照明技术与城市夜景及2008工程建设科技研讨会论文集. 中国照明学会，2006年.
[19] 于国雄. 怎样理性认识太阳能在路灯上的应用 [J]. 阳光能源，2008，(6)：41~42.
[20] 黄金霞等. 景观照明灯具类型与选用 [J]. 中国照明电器，2008，(6)：19~22.
[21] 冯晓琴等. 景观环境中夜景设计的探讨 [J]. 光源与照明，2008，(3)：10~12.
[22] 于冰等. 夜景照明工程中的电光源浅析 [J]. 灯与照明，2008，32 (1)：40~45.
[23] 岳存泽. 国家体育场夜景照明方案的实施 [J]. 照明工程学报，2008，19 (4)：19~24.
[24] 俞安琪. 采用LED光源的道路灯具应关注的焦点 [J]. 照明工程学报，2008，19 (1)：57~60.
[25] 周广郁. 室外广告投光照明 [J]. 灯与照明，2004，28 (2)：24~26.
[26] 秦鑫等. 天津市区户外商业广告照明现状调研 [J]. 照明工程学报，2006，17 (3)：56~59.
[27] 任元会. 照明功率密度限值及对照明节能的意义 [J]. 电气工程应用，2008，(2)：38~41.
[28] 俞丽华. 绿色照明在上海 [J]. 上海节能，2006，(3)：9~12.
[29] 林振刚. 道路照明节能分析 [J]. 照明工程学报，2005，16 (4)：56~59.
[30] 何俊正等. GGDZ稳压节电器在照明系统中的应用 [J]，电工技术，2008，(5)：20~21.
[31] 白晓龙. 城市道路照明节电技术的应用——浅谈厦门市公路局路灯节电改造.
[32] 倪萍等. 城市道路照明节能可行性分析 [J]. 照明与节能，2004，(3)：26~27.
[33] 卞桃华. 关于城市道路照明节能改造的实践与思考 [J]. 城市照明，2009，13 (4)：29~31.
[34] 陈玉书等. 正确认识和使用单相变压器 [J]. 电力需求侧管理，2006，8 (2)：40~41.
[35] 李为中等. 单相配电变压器应用实例与节能效益分析 [J]. 电力需

求侧管理，2006，8（6）：40～41.
[36] 张红旗等．配电网采用单相配电技术的节能效果分析［J］．技术交流与应用，2008，(2)：53～55.
[37] 卢本平．单相配电和节能．河北电力技术［J]，2007，26（4)：10～12.
[38] 李为中等．单相配电变压器的应用［J］．农村电气化，2007，（3）：8～9.
[39] 吕志伟等．单相配电变压器在低压配电网中的应用［J］．电力需求侧管理，2008，10（6）：79～80.
[40] 高鹏．单相配电变压器的技术特点与推广应用［J］．电力需求侧管理，2008，10（1）：40～41.
[41] 邹乃顺等．高压钠灯性能和安全新国标解读［J］．企业标准化，2005，(11)：30～32.
[42] 蒋松等．绿色照明在城市道路照明中的应用研究［J］．节能技术，2008，(3)：251～254.
[43] 杨光．照明节电器及应用［J］．电工技术学报，2004，(10)：97～99.
[44] 李玉平等．城市道路照明灯具中的节能潜力探讨［J］．城市照明，2009，13（4）：12～15.
[45] 杨志荣等．DSM 照明节电示范项目效果评估［J］．电力需求侧管理，2005，7（3）：20～23.
[46] 袁佑新等．基于模糊控制的智能路灯节电器设计［J］．机床与液压，2007，35（7）：22～23.
[47] 刘永生等．LONWORKS 控制网络技术智能路灯解决方案［J］．仪器仪表标准化与计量，2005，(5)：20～23.
[48] 张志明等．节能道路照明系统的无线智能控制设计［J］．照明工程学报，2010，21（2）：60～65.
[49] 沈宝新．道路照明节电方式的比较与分析［J］．照明工程学报，2006，17（2）：56～59.
[50] 周礼震等．城市道路照明采用中压供电方式的概况［J］．供用电，2003，20（2）：25～26.
[51] 张万奎．路灯自动降压节电［J］．节能，1982，(4)：22～23.
[52] 张万奎．路灯自动降压控制器［J］．节能，2003，(7)：26～27.
[53] 张万奎，丁跃浇．城市道路照明半夜灯实施的一种方案［J］．照明工程学报，2005，16（2）：52～54.

[54] 张万奎，李晓松，丁跃浇. V/V_0 变压器-路灯节电照明系统负荷分析 [J]. 照明工程学报，2006，17（3）：21~23.
[55] 张万奎，丁跃浇. 高压钠灯的技术特性及降压节电应用 [J]. 照明工程学报，2006，17（4）：63~65.
[56] 张万奎. V/V_0 变压器路灯照明供电系统节能应用 [J]. 电力需求侧管理，2006，8（1）：43~44.
[57] 张万奎. 城市道路照明节电的供电电压及最优控制 [J]. 电力需求侧管理，2007，9（1）：37~38.
[58] Zhang wankui，Ding Yuejiao. Improving the supply voltage and control of the urban read lighting system. CIE Session of the cie，Proceedings，D4-60，Beuing-China，juer 2007.
[59] 张万奎. 城市道路照明供电电压的优化 [J]. 照明工程学报，2007，18（4）：75~77.
[60] 张振，张万奎. 国际城市道路照明节电技术 [J]. 电力需求侧管理，2007，9（3）：54~55.
[61] 张万奎等. 单相变压器供电的高压钠灯降压节电试验 [J]. 电力需求侧管理，2008，10（5）：35~36.
[62] 张万奎等. 电光源及其在道路照明中的节电应用 [J]. 中国照明电器，2008，（8）：8~10.
[63] 张万奎等. 电光源及其在照明工程中的节电应用 [J]. 灯与照明，2008，32（3）：26~29.
[64] 张振，张万奎. 城市道路照明最佳供电电压 [J]. 中国照明电器，2009，（3）：16~18.
[65] 张振. 城市道路照明降压节电新技术 [J]. 中国节能照明，2009，（4）：86~87.
[66] 张振. 城市道路照明供电电压与控制的优化 [J]. 灯与照明，2009，32（2）：55~56.
[67] 张振. 高压钠灯照明节电新系统 [J]. 中国照明电器，2010，（3）：30~32.
[68] 张振. 高压钠灯半夜灯降压节电 [J]. 灯与照明，2010，34（1）：20~22.
[69] 张振，张万奎. 高压钠灯降压调光节电试验 [J]. 照明工程学报，2010，21（2）：47~48.